高等学校“互联网+”新形态教材

线性代数同步练习与测试

主　编　耿　亮
副主编　胡超竹　李翰芳
参　编　巴　娜　方　瑛　王志华　朱　莹　李逢高
　　　　肖岸纯　蔡振锋　董秀明　张吉超　李家雄

中国水利水电出版社
www.waterpub.com.cn
·北京·

内 容 提 要

本书是蔡光兴、李逢高主编的《线性代数》(第五版)(科学出版社,2018 年出版)的配套辅导书,全书按线性代数课程教学章节顺序编排,与教材同步,共分为 7 章,内容包括行列式、矩阵、消元法与初等矩阵、向量与矩阵的秩、线性方程组、特征值与特征向量和二次型.每章包含知识点思维导图、习题、自测题.另外,在每一章里纳入了适当考研真题,具备一定难度,可供有兴趣、有实力的同学开阔视野和训练解题技巧.书后附有 8 套综合模拟测试题,且附有习题的参考答案,部分重难点习题配备详细解题过程和讲题小视频,对提高学生的解题能力具有积极促进作用.

本书可供高等院校本科各专业学生使用,也可以作为考研辅导书,同时可以为教师备课和命题提供参考.

图书在版编目(CIP)数据

线性代数同步练习与测试/耿亮主编. —北京:中国水利水电出版社,2021.1(2023.2 重印)
高等学校"互联网+"新形态教材
ISBN 978-7-5170-8914-8

Ⅰ.①线… Ⅱ.①耿… Ⅲ.①线性代数—高等学校—习题集 Ⅳ.①O151.2-44

中国版本图书馆 CIP 数据核字(2020)第 185180 号

书　　名	高等学校"互联网+"新形态教材 **线性代数同步练习与测试** XIANXING DAISHU TONGBU LIANXI YU CESHI
作　　者	主　编　耿　亮 副主编　胡超竹　李翰芳
出版发行	中国水利水电出版社 (北京市海淀区玉渊潭南路 1 号 D 座　100038) 网址:www.waterpub.com.cn E-mail:zhiboshangshu@163.com 电话:(010)62572966-2205/2266/2201(营销中心)
经　　售	北京科水图书销售有限公司 电话:(010)68545874、63202643 全国各地新华书店和相关出版物销售网点
排　　版	北京智博尚书文化传媒有限公司
印　　刷	三河市龙大印装有限公司
规　　格	185mm×260mm　16 开本　10 印张　240 千字
版　　次	2021 年 1 月第 1 版　2023 年 2 月第 2 次印刷
印　　数	4001—6000 册
定　　价	35.00 元

凡购买我社图书,如有缺页、倒页、脱页的,本社营销中心负责调换
版权所有·侵权必究

前　　言

线性代数的学习，不论是数学基础知识的掌握还是解题能力的提高，都离不开大量的练习，但也要避免走入题海战术的误区. 如何有效地做题，一本好的习题集是关键. 我们在多年的教学实践中，对大量的线性代数习题进行了筛选和编排，编写了这本习题集. 本书与科学出版社《线性代数（第五版）》（蔡光兴、李逢高主编）配套，适用于本、专科学生，并与教材同步. 本书主体内容分为 7 个章节，每一节都配备了一定量的习题，难度适中，内容充实，选题新颖，注重基本概念、基本定理和基本运算；每一章纳入适当的考研真题，具备一定难度，可供有兴趣、有实力的同学开阔视野和训练解题技巧；部分重难点题 配有详细解题过程和解题小视频 . 本书还附有综合模拟测试题，且提供每一道主观题的详解，便于广大学生自我检测.

本书主编为耿亮，副主编为胡超竹、李翰芳，参加编写的教师有：巴娜、方瑛、王志华、朱莹、李逢高、肖岸纯、蔡振锋、董秀明. 此外，李家雄、张吉超参与了自测题和答案的编写与整理校对工作. 全书统稿工作由耿亮、胡超竹、李翰芳完成，最后由耿亮定稿.
最后，感谢湖北工业大学理学院数学课部的全体教师对此本书提出了宝贵修改意见.

由于编者水平所限，疏漏在所难免，恳请同仁不吝指出，编者不胜感谢.

编　者

2020 年 11 月

目　　录

第一章　行　列　式

思维导图

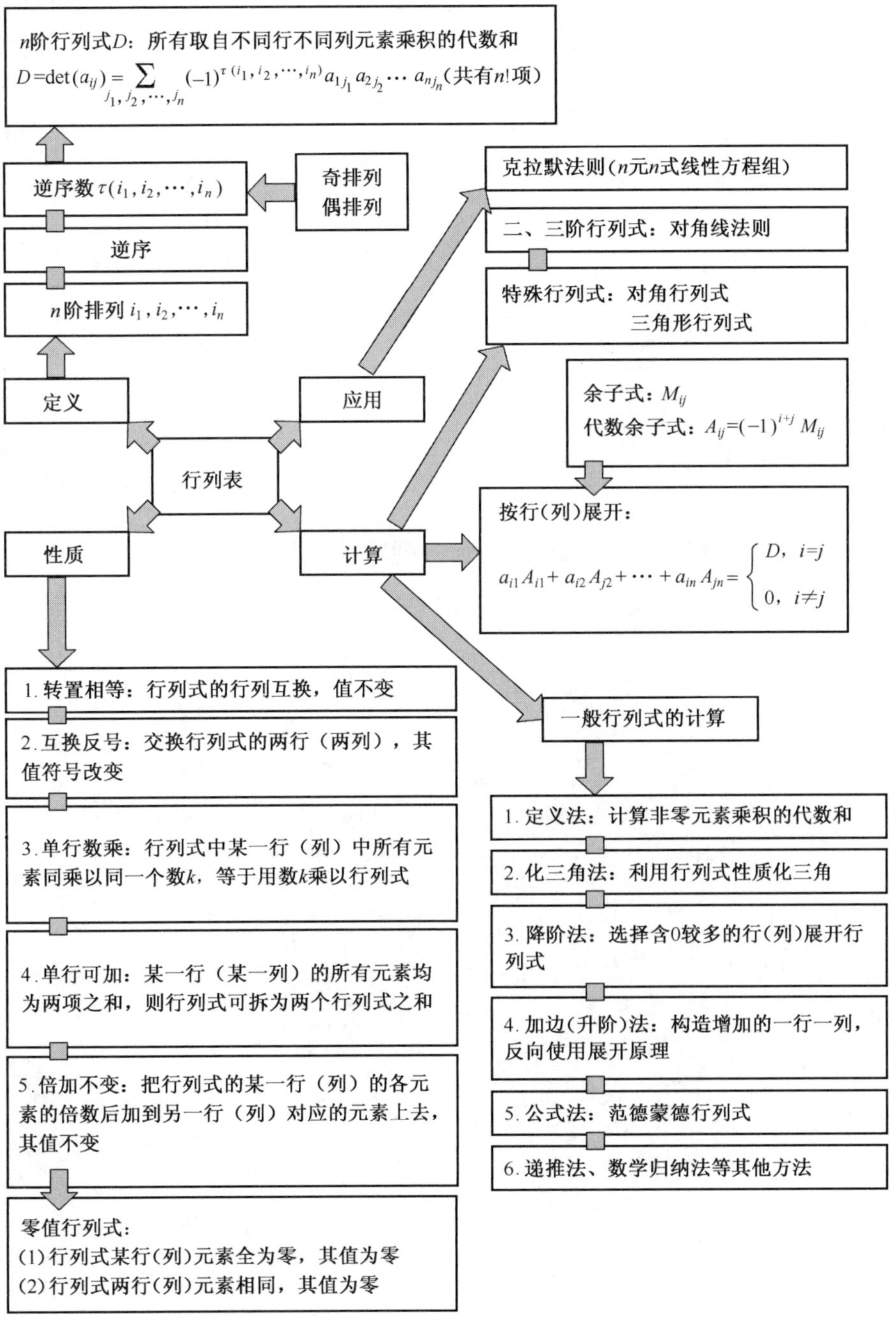
n阶行列式D：所有取自不同行不同列元素乘积的代数和
$D=\det(a_{ij})=\sum_{j_1,j_2,\cdots,j_n}(-1)^{\tau(i_1,i_2,\cdots,i_n)}a_{1j_1}a_{2j_2}\cdots a_{nj_n}$(共有n!项)
逆序数$\tau(i_1,i_2,\cdots,i_n)$
奇排列
偶排列
逆序
n阶排列$i_1,i_2,\cdots,i_n$
定义
行列表
应用
性质
计算
克拉默法则(n元n式线性方程组)
二、三阶行列式：对角线法则
特殊行列式：对角行列式
三角形行列式
余子式：M_{ij}
代数余子式：$A_{ij}=(-1)^{i+j}M_{ij}$
按行(列)展开：
$a_{i1}A_{i1}+a_{i2}A_{j2}+\cdots+a_{in}A_{jn}=\begin{cases}D, & i=j\\0, & i\neq j\end{cases}$
1. 转置相等：行列式的行列互换，值不变
2. 互换反号：交换行列式的两行（两列），其值符号改变
3. 单行数乘：行列式中某一行（列）中所有元素同乘以同一个数k，等于用数k乘以行列式
4. 单行可加：某一行（某一列）的所有元素均为两项之和，则行列式可拆为两个行列式之和
5. 倍加不变：把行列式的某一行（列）的各元素的倍数后加到另一行（列）对应的元素上去，其值不变
零值行列式：
(1) 行列式某行(列)元素全为零，其值为零
(2) 行列式两行(列)元素相同，其值为零
一般行列式的计算
1. 定义法：计算非零元素乘积的代数和
2. 化三角法：利用行列式性质化三角
3. 降阶法：选择含0较多的行(列)展开行列式
4. 加边(升阶)法：构造增加的一行一列，反向使用展开原理
5. 公式法：范德蒙德行列式
6. 递推法、数学归纳法等其他方法

习题 1-1 排列与 n 阶行列式的概念

一、填空题.

1. 五阶行列式的全面展开式共有______项.

2. 排列 134782695 的逆序数为______.

3. 要使排列（$3792m41n5$）为偶排列，则 $m=$______，$n=$______.

4. 若 $a_{1i}a_{32}a_{4k}a_{25}a_{53}$ 是五阶行列式的带负号的一项，则 $i=$______，$k=$______.

5. 设 $\tau(i_1i_2\cdots i_n)=k$，则 $\tau(i_ni_{n-1}\cdots i_1)=$______.

题 5

6. $\begin{vmatrix} 1 & 0 & 0 & 0 \\ 0 & 2 & 0 & 0 \\ 0 & 0 & 3 & 0 \\ 0 & 0 & 0 & 4 \end{vmatrix}=$______，$\begin{vmatrix} 1 & 2017 & 2018 & 2019 \\ 0 & -1 & 0 & 2020 \\ 0 & 0 & -1 & 2021 \\ 0 & 0 & 0 & 2022 \end{vmatrix}=$______.

7. $\begin{vmatrix} 0 & 0 & 0 & 2 \\ 0 & 0 & 4 & 0 \\ 0 & 6 & 0 & 0 \\ 8 & 0 & 0 & 0 \end{vmatrix}=$______.

二、利用对角线法则计算下列二阶及三阶行列式.

（1）$\begin{vmatrix} n+1 & n \\ n & n-1 \end{vmatrix}$；

（2）$\begin{vmatrix} 1 & \log_b a \\ \log_a b & n-1 \end{vmatrix}$；

(3) $\begin{vmatrix} a & b & c \\ b & c & a \\ c & a & b \end{vmatrix}$;

(4) $\begin{vmatrix} 1 & 1 & 1 \\ a & b & c \\ a^2 & b^2 & c^2 \end{vmatrix}$.

三、用定义计算下列行列式.

(1) $\begin{vmatrix} 0 & a_1 & 0 & 0 & 0 \\ 0 & 0 & a_2 & 0 & 0 \\ 0 & 0 & 0 & 0 & a_3 \\ a_4 & 0 & 0 & 0 & 0 \\ 0 & 0 & 0 & a_5 & 0 \end{vmatrix}$;

(2) $\begin{vmatrix} a_1 & 0 & c_1 & 0 \\ 0 & b_1 & 0 & d_1 \\ a_2 & 0 & c_2 & 0 \\ 0 & b_2 & 0 & d_2 \end{vmatrix}$;

(3) $\begin{vmatrix} 1 & 0 & \cdots & 0 & 0 \\ 0 & 0 & \cdots & 0 & 2 \\ 0 & 0 & \cdots & 3 & 0 \\ \vdots & \vdots & & \vdots & \vdots \\ 0 & n & \cdots & 0 & 0 \end{vmatrix}$.

四、设行列式 $D_4 = \begin{vmatrix} 4x & 1 & 3 & 3 \\ x & x & 3 & 1 \\ 2 & 3 & 3x & 6 \\ x & 2 & 6 & x \end{vmatrix}$，试求 D_4 中的 x^3，x^4 系数 .

五、证明题.

(1) 设行列式 $D_5 = \begin{vmatrix} 0 & a_{12} & a_{13} & 0 & 0 \\ a_{21} & a_{22} & a_{23} & a_{24} & a_{25} \\ a_{31} & a_{32} & a_{33} & a_{34} & a_{35} \\ 0 & a_{42} & a_{43} & 0 & 0 \\ 0 & a_{52} & a_{53} & 0 & 0 \end{vmatrix}$，证明 $D_5 = 0$.

(2) 不计算行列式的值，证明行列式 $D_4 = \begin{vmatrix} 1 & 2 & 2 & 6 \\ 9 & 1 & 3 & 8 \\ 9 & 9 & 9 & 0 \\ 8 & 6 & 4 & 0 \end{vmatrix}$ 能被 18 整除 .

习题 1-2 行列式的性质

一、填空题.

1. 行列式 $\begin{vmatrix} 34215 & 36215 \\ 28092 & 30092 \end{vmatrix}$ = ____________________ .

2. 行列式 $\begin{vmatrix} 103 & 100 & 204 \\ 199 & 200 & 395 \\ 301 & 300 & 600 \end{vmatrix}$ = ____________________ .

3. 已知四阶行列式 D 的值为2，将 D 的第3行元素乘以−1加到第4行对应元素上去，则现行列式的值为____________.

4. 设行列式 $\begin{vmatrix} x & y & z \\ 4 & 0 & 3 \\ 1 & 1 & 1 \end{vmatrix}=1$，则行列式 $\begin{vmatrix} 2x & 2y & 2z \\ \frac{4}{3} & 0 & 1 \\ 1 & 1 & 1 \end{vmatrix}=$________________.

5. 设 n 阶行列式 $D=\begin{vmatrix} a_{11} & a_{12} & \cdots & a_{1n} \\ a_{21} & a_{22} & \cdots & a_{2n} \\ \vdots & \vdots & & \vdots \\ a_{n1} & a_{n2} & \cdots & a_{nn} \end{vmatrix}$，则 $\begin{vmatrix} a_{n1} & a_{n2} & \cdots & a_{nn} \\ a_{n-1,1} & a_{n-1,2} & \cdots & a_{n-1,n} \\ \vdots & \vdots & & \vdots \\ a_{11} & a_{12} & \cdots & a_{1n} \end{vmatrix}=$____________.

二、计算题.

（1）$\begin{vmatrix} 2 & -5 & 1 & 2 \\ -3 & 7 & -1 & 4 \\ 5 & -9 & 2 & 7 \\ 4 & -6 & 1 & 2 \end{vmatrix}$；

（2）$\begin{vmatrix} -ab & ac & ae \\ bd & -cd & de \\ bf & cf & -ef \end{vmatrix}$；

(3) $\begin{vmatrix} 1 & 1 & 1 & 1 \\ 1 & -1 & 1 & 1 \\ 1 & 1 & -1 & 1 \\ 1 & 1 & 1 & -1 \end{vmatrix}$;

(4) $\begin{vmatrix} 1 & 1 & 1 & 1 \\ -a_1 & x_1 & 0 & 0 \\ 0 & -a_2 & x_2 & 0 \\ 0 & 0 & -a_3 & x_3 \end{vmatrix}$;

(5) $D_n = \begin{vmatrix} 0 & 1 & 1 & \cdots & 1 & 1 \\ 1 & 0 & 1 & \cdots & 1 & 1 \\ 1 & 1 & 0 & \cdots & 1 & 1 \\ \vdots & \vdots & \vdots & & \vdots & \vdots \\ 1 & 1 & 1 & \cdots & 0 & 1 \\ 1 & 1 & 1 & \cdots & 1 & 0 \end{vmatrix}$;

(6) $D_{n+1}=\begin{vmatrix} x_0 & 1 & 1 & \cdots & 1 \\ 1 & x_1 & 0 & \cdots & 0 \\ 1 & 0 & x_2 & \cdots & 0 \\ \vdots & \vdots & \vdots & & \vdots \\ 1 & 0 & 0 & \cdots & x_n \end{vmatrix}$.

三、证明题.

(1) 已知 1326，2743，5005，3874 都能被 13 整除，不计算行列式的值，试证 $D_4=\begin{vmatrix} 1 & 3 & 2 & 6 \\ 2 & 7 & 4 & 3 \\ 5 & 0 & 0 & 5 \\ 3 & 8 & 7 & 4 \end{vmatrix}$ 能被 13 整除 .

(2) 设 α，β，γ 为互不相等的实数，试证明：$\begin{vmatrix} 1 & 1 & 1 \\ \alpha & \beta & \gamma \\ \alpha^3 & \beta^3 & \gamma^3 \end{vmatrix}=0$ 的充要条件是 $\alpha+\beta+\gamma=0$.

习题 1-3　行列式按行（列）展开

一、填空题.

1. 设 $D=\begin{vmatrix}2&0&8\\-3&1&5\\2&9&7\end{vmatrix}$，则代数余子式 $A_{12}=$____________.

2. 已知四阶行列式 D 中第 3 列元素依次是−1，2，0，1，它们的余子式依次为 5，3，−7，4，则 $D=$____________.

3. 已知四阶行列式之值为 92，它的第 2 行元素依次为 1，0，t，2，且第 2 行元素的余子式分别为 1，3，−5，2，则 $t=$____________.

4. $D=\begin{vmatrix}1&1&1&1\\1&2&3&4\\1&4&9&16\\1&8&27&64\end{vmatrix}=$____________.

5. 设 $a,b\in\mathbb{Z}$，若 $\begin{vmatrix}a&b&0\\-b&a&0\\100&0&-1\end{vmatrix}=0$，则 $a=$____________，$b=$____________.

二、计算题.

（1）$\begin{vmatrix}2&1&4&1\\3&-1&2&1\\1&2&3&2\\5&0&6&2\end{vmatrix}$；

(2) $\begin{vmatrix} 0 & a & b & 0 \\ a & 0 & 0 & b \\ 0 & c & d & 0 \\ c & 0 & 0 & d \end{vmatrix}$;

(3) $\begin{vmatrix} b+c & c+a & a+b \\ a & b & c \\ a^2 & b^2 & c^2 \end{vmatrix}$;

(4) $\begin{vmatrix} 1-a & a & 0 & 0 & 0 \\ -1 & 1-a & a & 0 & 0 \\ 0 & -1 & 1-a & a & 0 \\ 0 & 0 & -1 & 1-a & a \\ 0 & 0 & 0 & -1 & 1-a \end{vmatrix}$;

(5) $D_n = \begin{vmatrix} 1+a_1 & 1 & \cdots & 1 \\ 1 & 1+a_2 & \cdots & 1 \\ \vdots & \vdots & & \vdots \\ 1 & 1 & \cdots & 1+a_n \end{vmatrix}$(其中 $a_1a_2\cdots a_n \neq 0$);

(6) $D_n = \begin{vmatrix} 1 & 2 & 2 & \cdots & 2 \\ 2 & 2 & 2 & \cdots & 2 \\ 2 & 2 & 3 & \cdots & 2 \\ \vdots & \vdots & \vdots & & \vdots \\ 2 & 2 & 2 & \cdots & n \end{vmatrix}$.

三、设四阶行列式 $D=\begin{vmatrix} 3 & 1 & 0 & 4 \\ 0 & 2 & -1 & 1 \\ 1 & 1 & 2 & 1 \\ 3 & 5 & 2 & 7 \end{vmatrix}$，求：

(1) $A_{41}+A_{42}+A_{43}+A_{44}$；

(2) $2M_{24}+4M_{34}-4M_{44}$.

习题 1-4 克拉默法则

一、填空题.

1. 当 λ 满足__________时，方程组 $\begin{cases} \lambda x_1+x_2+x_3=1 \\ x_1+\lambda x_2+x_3=\lambda \\ x_1+x_2+\lambda x_3=\lambda^2 \end{cases}$ 有唯一解.

2. 当 $k\neq$__________时，方程组 $\begin{cases} kx+z=0 \\ 2x+ky+z=0 \\ kx-2y+z=0 \end{cases}$ 只有零解.

3. 当 $a=$__________时，方程组 $\begin{cases} x_1+x_2+x_3=0 \\ x_1+2x_2+ax_3=0 \\ x_1+4x_2+a^2x_3=0 \end{cases}$ 有非零解.

4. 当 $a=$__________时，方程组 $\begin{cases} (1+a)x_1+x_2+x_3+x_4=0 \\ 2x_1+(2+a)x_2+2x_3+2x_4=0 \\ 3x_1+3x_2+(3+a)x_3+3x_4=0 \\ 4x_1+4x_2+4x_3+(4+a)x_4=0 \end{cases}$ 有非零解.

5. 当 a，b 满足____________时，方程组 $\begin{cases} ax_1+ax_2+ax_3+ax_4+bx_5=0 \\ ax_1+ax_2+ax_3+bx_4+ax_5=0 \\ ax_1+ax_2+bx_3+ax_4+ax_5=0 \\ ax_1+bx_2+ax_3+ax_4+ax_5=0 \\ bx_1+ax_2+ax_3+ax_4+ax_5=0 \end{cases}$ 只有零解．

题5

二、用克莱姆法则解下列方程组．

（1）$\begin{cases} x_1+x_2+x_3+x_4=5 \\ x_1+2x_2-x_3+4x_4=-2 \\ 2x_1-3x_2-x_3-5x_4=-2 \\ 3x_1+x_2+2x_3+11x_4=0 \end{cases}$；

（2）$\begin{cases} 5x_1+6x_2=1 \\ x_1+5x_2+6x_3=0 \\ x_2+5x_3+6x_4=0 \\ x_3+5x_4+6x_5=0 \\ x_4+5x_5=1 \end{cases}$.

三、问 a 应取什么值，齐次线性方程组 $\begin{cases}(15-2a)x_1+11x_2+10x_3=0\\(11-3a)x_1+17x_2+16x_3=0\\(7-a)x_1+14x_2+13x_3=0\end{cases}$ 有非零解？

四、证明平面上 3 条不同的直线 $ax+by+c=0$，$bx+cy+a=0$，$cx+ay+b=0$ 相交于一点的充分必要条件是 $a+b+c=0$.

自 测 题 一

一、填空题.

1. 在五阶行列式中，项 $a_{32}a_{55}a_{14}a_{21}a_{43}$ 的符号取____________.

2. 写出四阶行列式 $\begin{vmatrix} a_{11} & a_{12} & a_{13} & a_{14} \\ a_{21} & a_{22} & a_{23} & a_{24} \\ a_{31} & a_{32} & a_{33} & a_{34} \\ a_{41} & a_{42} & a_{43} & a_{44} \end{vmatrix}$ 中含因子 $a_{11}a_{23}$ 的项为____________.

3. $\begin{vmatrix} 2 & 1 & 1 & 1 \\ 1 & 2 & 1 & 1 \\ 1 & 1 & 2 & 1 \\ 1 & 1 & 1 & 2 \end{vmatrix} =$____________.

4. 设 $D = \begin{vmatrix} 1 & 2 & -3 & 6 \\ 2 & 2 & 2 & 2 \\ 2 & 1 & 0 & 7 \\ 3 & 4 & 1 & 8 \end{vmatrix}$，$A_{ij}$ 是 a_{ij} 的代数余子式，则 $A_{41} + A_{42} + A_{43} + A_{44} =$____________.

5. $f(x) = \begin{vmatrix} x-2 & x-1 & x-2 & x-3 \\ 2x-2 & 2x-1 & 2x-2 & 2x-3 \\ 3x-3 & 3x-2 & 4x-5 & 3x-5 \\ 4x & 4x-3 & 5x-7 & 4x-3 \end{vmatrix}$ 是____________次多项式.

6. （研，2020）行列式 $\begin{vmatrix} a & 0 & -1 & 1 \\ 0 & a & 1 & -1 \\ -1 & 1 & a & 0 \\ 1 & -1 & 0 & a \end{vmatrix} =$____________.

题 6

二、选择题.

1. 四阶行列式 $\begin{vmatrix} a_1 & 0 & 0 & b_1 \\ 0 & a_2 & b_2 & 0 \\ 0 & b_3 & a_3 & 0 \\ b_4 & 0 & 0 & a_4 \end{vmatrix}$ 的值等于（　　）.

A. $a_1a_2a_3a_4-b_1b_2b_3b_4$　　B. $a_1a_2a_3a_4+b_1b_2b_3b_4$

C. $(a_1a_2-b_1b_2)(a_3a_4-b_3b_4)$　　D. $(a_2a_3-b_2b_3)(a_1a_4-b_1b_4)$

2. 设行列式 $D = \begin{vmatrix} a_{11} & a_{12} & a_{13} \\ a_{21} & a_{22} & a_{23} \\ a_{31} & a_{32} & a_{33} \end{vmatrix} = 3$，$D_1 = \begin{vmatrix} a_{11} & 5a_{11}+2a_{12} & a_{13} \\ a_{21} & 5a_{21}+2a_{22} & a_{23} \\ a_{31} & 5a_{31}+2a_{32} & a_{33} \end{vmatrix}$，则 D_1 的值为

(　　).

A. −15　　B. −6　　C. 6　　D. 15

3. 若 $D=\begin{vmatrix} a_{11} & a_{12} & a_{13} \\ a_{21} & a_{22} & a_{23} \\ a_{31} & a_{32} & a_{33} \end{vmatrix}=1$，$D_1=\begin{vmatrix} 4a_{11} & 2a_{11}-3a_{12} & a_{13} \\ 4a_{21} & 2a_{21}-3a_{22} & a_{23} \\ 4a_{31} & 2a_{31}-3a_{32} & a_{33} \end{vmatrix}$，则 $D_1=$(　　).

A. 8　　B. −12　　C. 24　　D. −24

4. 设 $\begin{vmatrix} a_{11} & a_{12} & a_{13} \\ a_{21} & a_{22} & a_{23} \\ a_{31} & a_{32} & a_{33} \end{vmatrix}=-3$，则 $\begin{vmatrix} 2a_{31} & a_{32} & 3a_{33} \\ 4a_{21} & 2a_{22} & 6a_{23} \\ 2a_{11} & a_{12} & 3a_{13} \end{vmatrix}$ 为 (　　).

A. 6　　B. −6　　C. −36　　D. 36

5. 若 $f(x)=\begin{vmatrix} x & -x & -1 & x \\ 2 & 2 & 3 & x \\ -7 & 10 & 4 & 3 \\ 1 & -7 & 1 & x \end{vmatrix}$，则 x^2 项的系数是 (　　).

A. 34　　B. 25　　C. 74　　D. 6

三、计算题.

(1) 计算行列式 $D=\begin{vmatrix} 2 & -5 & 1 & 2 \\ -3 & 7 & -1 & 4 \\ 5 & -9 & 2 & 7 \\ 4 & -6 & 1 & 2 \end{vmatrix}$.

(2) 计算行列式 $D=\begin{vmatrix} 2+x & 2 & 2 & 2 \\ 2 & 2-x & 2 & 2 \\ 2 & 2 & 2+y & 2 \\ 2 & 2 & 2 & 2-y \end{vmatrix}$，其中 $xy\neq 0$.

(3) 计算行列式 $D=\begin{vmatrix} 1 & 1 & 1 & 1 \\ a & b & c & d \\ a^2 & b^2 & c^2 & d^2 \\ a^4 & b^4 & c^4 & d^4 \end{vmatrix}$.

(4) 计算行列式 $D_n=\begin{vmatrix} 1+x_1^2 & x_1x_2 & x_1x_3 & \cdots & x_1x_n \\ x_2x_1 & 1+x_2^2 & x_2x_3 & \cdots & x_2x_n \\ x_3x_1 & x_3x_2 & 1+x_3^2 & \cdots & x_3x_n \\ \vdots & \vdots & \vdots & & \vdots \\ x_nx_1 & x_nx_2 & x_nx_3 & \cdots & 1+x_n^2 \end{vmatrix}$.

(5) 计算行列式 $D_n = \begin{vmatrix} x & a & a & \cdots & a \\ -a & x & a & \cdots & a \\ -a & -a & x & \cdots & a \\ \vdots & \vdots & \vdots & & \vdots \\ -a & -a & -a & \cdots & x \end{vmatrix}$.

四、设有齐次线性方程组 $\begin{cases} (5-k)x_1+2x_2+2x_3=0 \\ 2x_1+(6-k)x_2=0 \\ 2x_1+(4-k)x_3=0 \end{cases}$，试问 k 取何值时，该方程组有非零解？

五、求空间 4 平面 $a_ix+b_iy+c_iz+d_i=0$ ($i=1, 2, 3, 4$) 相交于一点的条件.

第二章 矩 阵

思维导图

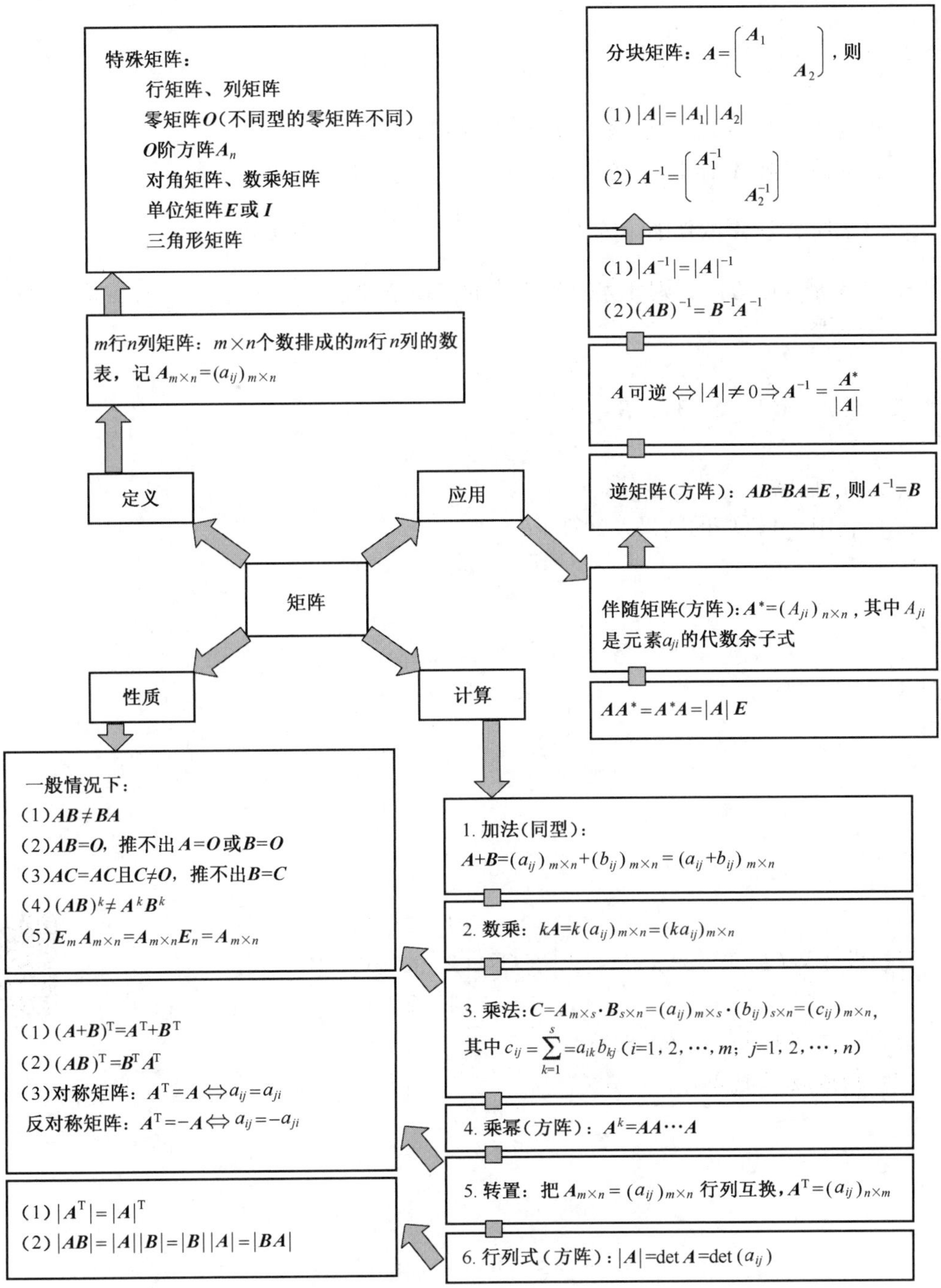
矩阵
定义
应用
性质
计算
特殊矩阵：
行矩阵、列矩阵
零矩阵O(不同型的零矩阵不同)
O阶方阵A_n
对角矩阵、数乘矩阵
单位矩阵E或I
三角形矩阵
m行n列矩阵：$m\times n$个数排成的m行n列的数表，记$A_{m\times n}=(a_{ij})_{m\times n}$
分块矩阵：$A=\begin{pmatrix}A_1 & \\ & A_2\end{pmatrix}$，则
(1) $|A|=|A_1||A_2|$
(2) $A^{-1}=\begin{pmatrix}A_1^{-1} & \\ & A_2^{-1}\end{pmatrix}$
(1) $|A^{-1}|=|A|^{-1}$
(2) $(AB)^{-1}=B^{-1}A^{-1}$
A可逆$\Leftrightarrow|A|\neq0\Rightarrow A^{-1}=\frac{A^*}{|A|}$
逆矩阵(方阵)：$AB=BA=E$，则$A^{-1}=B$
伴随矩阵(方阵)：$A^*=(A_{ji})_{n\times n}$，其中A_{ji}是元素a_{ji}的代数余子式
$AA^*=A^*A=|A|E$
一般情况下：
(1) $AB\neq BA$
(2) $AB=O$，推不出$A=O$或$B=O$
(3) $AC=AC$且$C\neq O$，推不出$B=C$
(4) $(AB)^k\neq A^kB^k$
(5) $E_mA_{m\times n}=A_{m\times n}E_n=A_{m\times n}$
(1) $(A+B)^T=A^T+B^T$
(2) $(AB)^T=B^TA^T$
(3)对称矩阵：$A^T=A\Leftrightarrow a_{ij}=a_{ji}$
反对称矩阵：$A^T=-A\Leftrightarrow a_{ij}=-a_{ji}$
(1) $|A^T|=|A|^T$
(2) $|AB|=|A||B|=|B||A|=|BA|$
1. 加法(同型)：
$A+B=(a_{ij})_{m\times n}+(b_{ij})_{m\times n}=(a_{ij}+b_{ij})_{m\times n}$
2. 数乘：$kA=k(a_{ij})_{m\times n}=(ka_{ij})_{m\times n}$
3. 乘法：$C=A_{m\times s}\cdot B_{s\times n}=(a_{ij})_{m\times s}\cdot(b_{ij})_{s\times n}=(c_{ij})_{m\times n}$，
其中$c_{ij}=\sum_{k=1}^{s}a_{ik}b_{kj}$ $(i=1,2,\cdots,m;\ j=1,2,\cdots,n)$
4. 乘幂(方阵)：$A^k=AA\cdots A$
5. 转置：把$A_{m\times n}=(a_{ij})_{m\times n}$行列互换，$A^T=(a_{ij})_{n\times m}$
6. 行列式(方阵)：$|A|=\det A=\det(a_{ij})$

习题 2-1　矩阵的概念与运算

一、填空题.

1. 设$\boldsymbol{A}=\begin{pmatrix}1&2\\3&4\end{pmatrix}$，$\boldsymbol{B}=\begin{pmatrix}1&2\\2&1\end{pmatrix}$，则$2\boldsymbol{A}-\boldsymbol{B}=$________.

2. $\begin{pmatrix}2&1\\0&-1\\3&2\end{pmatrix}\begin{pmatrix}2&0\\-1&-2\end{pmatrix}=$________.

3. 设$\boldsymbol{A}$为n阶方阵，且$|\boldsymbol{A}|=4$，则$|3\boldsymbol{A}|=$________.

4. 设n阶矩阵$\boldsymbol{A}$有$|\boldsymbol{A}|=2$，$|\boldsymbol{A}-\boldsymbol{E}|=3$，则$|\boldsymbol{A}^2-\boldsymbol{A}|=$________.

5. 设二阶方阵$\boldsymbol{A}$的伴随矩阵为$\boldsymbol{A}^*=\begin{pmatrix}1&0\\-1&-2\end{pmatrix}$，则$\boldsymbol{A}=$________.

6. 设$\boldsymbol{A}$是n阶方阵，则$\boldsymbol{A}$是对称矩阵的充要条件是________；$\boldsymbol{A}$是反对称矩阵的充要条件是________.

二、设$\boldsymbol{A}=(1\quad 2\quad 3)$，$\boldsymbol{B}=\begin{pmatrix}3\\2\\1\end{pmatrix}$.

(1) 计算$\boldsymbol{AB}$；

(2) 利用 (1) 中的结果，计算$(\boldsymbol{BA})^n$.

三、设$\boldsymbol{A}=(1\quad 2\quad 3)$，$\boldsymbol{B}=\begin{pmatrix}3\\2\\1\end{pmatrix}$，$\boldsymbol{C}=\begin{pmatrix}1&2&3\\2&4&6\\1&2&3\end{pmatrix}$.

(1) 计算$\boldsymbol{BA}$并指出$\boldsymbol{BA}$的特点；

(2) 仿照题二中 (2)，计算$\boldsymbol{C}^n$.

四、计算$\begin{pmatrix}2 & 1 & 4 & 0\\1 & -3 & 3 & 4\end{pmatrix}\begin{pmatrix}1 & 3 & 1\\0 & -1 & 2\\1 & -3 & 1\\4 & 0 & 2\end{pmatrix}$.

五、已知$\boldsymbol{A}=\begin{pmatrix}3 & 1 & 1\\1 & 3 & 1\\1 & 1 & 3\end{pmatrix}$，求 $|2(\boldsymbol{A}-\boldsymbol{E})|$.

六、E 是单位矩阵，具有特殊的性质．除此之外，对角阵 $\boldsymbol{\Lambda}=\begin{pmatrix}\lambda_1 & & & \\ & \lambda_2 & & \\ & & \ddots & \\ & & & \lambda_n\end{pmatrix}$ 也很特殊，计算矩阵多项式 $\boldsymbol{\Lambda}^3+2\boldsymbol{\Lambda}+\boldsymbol{E}$ 和 $a_n\boldsymbol{\Lambda}^n+a_{n-1}\boldsymbol{\Lambda}^{n-1}+\cdots+a_0\boldsymbol{E}$.

七、$\boldsymbol{E}$ 是单位矩阵，具有特殊的性质．除此之外，幂零阵 $\boldsymbol{\Lambda}_3=\begin{pmatrix}0 & 1 & \\ & 0 & 1\\ & & 0\end{pmatrix}$ 也很特殊，计算 $\boldsymbol{\Lambda}_3^2$ 和 $\boldsymbol{\Lambda}_3^3$，由此结论计算 $\boldsymbol{A}^{100}$，其中 $\boldsymbol{A}=\begin{pmatrix}\lambda & 1 & 0\\ 0 & \lambda & 1\\ 0 & 0 & \lambda\end{pmatrix}$．

八、计算矩阵乘法 $(x_1 \quad x_2 \quad x_3)\begin{pmatrix}a_{11} & a_{12} & a_{13}\\ a_{12} & a_{22} & a_{23}\\ a_{13} & a_{23} & a_{33}\end{pmatrix}\begin{pmatrix}x_1\\ x_2\\ x_3\end{pmatrix}$，并指出结果中 x_ix_j 的系数 a_{ij} 在原方阵的位置（$i=1, 2, 3$；$j=1, 2, 3$）；据此不经计算快速写出 $(x_1 \quad x_2 \quad x_3)\begin{pmatrix}1 & 0 & 1\\ 1 & 2 & 2\\ 2 & 3 & 3\end{pmatrix}\begin{pmatrix}x_1\\ x_2\\ x_3\end{pmatrix}$ 的结果．

九、设 $\boldsymbol{A}$ 为 n 阶实对称阵，且 $\boldsymbol{A}^2=\boldsymbol{O}$，试证 $\boldsymbol{A}=\boldsymbol{O}$.

习题 2-2　逆　矩　阵

一、填空题.

1. 若存在方阵 $\boldsymbol{B}$ 使得 $\boldsymbol{AB}=\boldsymbol{E}$，则称矩阵 $\boldsymbol{A}$ 是可逆的，它的逆 $\boldsymbol{A}^{-1}=$____________，此时它的行列式值 $|\boldsymbol{A}|$ 具有性质____________，方阵 $\boldsymbol{A}$ 也称为____________方阵.

2. 设三阶方阵 $\boldsymbol{A}=\begin{pmatrix}1 & 2 & -1\\ 3 & x & 2\\ 5 & -4 & 2\end{pmatrix}$ 是不可逆矩阵，则 $x=$____________.

3. 方阵 $\boldsymbol{A}$ 满足 $\boldsymbol{A}(\boldsymbol{A}+\boldsymbol{E})=\boldsymbol{E}$，则 $\boldsymbol{A}$ 可逆，且 $\boldsymbol{A}^{-1}=$__________；若方阵 $\boldsymbol{A}$ 满足 $\boldsymbol{A}^2-2\boldsymbol{A}+3\boldsymbol{E}=\boldsymbol{O}$，则矩阵 $\boldsymbol{A}$ 可逆，且 $\boldsymbol{A}^{-1}=$____________.

4. 若方阵 $\boldsymbol{A}$ 满足 $|\boldsymbol{A}|\neq 0$，则方程组 $\boldsymbol{Ax}=\boldsymbol{0}$ 有____________解，方程组 $\boldsymbol{Ax}=\boldsymbol{b}$ 的解为____________；相反，若对于三阶方阵 $\boldsymbol{A}=\begin{pmatrix}1 & 2 & -2\\ 4 & t & 3\\ 3 & -1 & 1\end{pmatrix}$，存在 $\boldsymbol{B}$ 为三阶非零方阵，且 $\boldsymbol{AB}=\boldsymbol{O}$，则 $t=$____________.

二、求下列矩阵的逆矩阵.

(1) $\begin{pmatrix}1 & 2\\ 2 & 5\end{pmatrix}$；

(2) $\begin{pmatrix}\cos\theta & -\sin\theta\\ \sin\theta & \cos\theta\end{pmatrix}$；

(3) $\begin{pmatrix} 1 & 2 & -1 \\ 3 & 4 & -2 \\ 5 & -4 & 1 \end{pmatrix}$;

(4) $\begin{pmatrix} a_1 & & & \\ & a_2 & & \\ & & \ddots & \\ & & & a_n \end{pmatrix}$ (a_1, a_2, …, a_n 均不为 0).

三、利用逆矩阵解方程组 $\begin{cases}3x_1+2x_2+x_3=1\\2x_1+3x_2+x_3=-1\\2x_1+x_2+3x_3=1\end{cases}$.

四、解矩阵方程 $\boldsymbol{X}\begin{pmatrix}2&1&-1\\2&1&0\\1&-1&1\end{pmatrix}=\begin{pmatrix}1&-1&3\\4&3&2\end{pmatrix}$.

五、设三阶方阵 $\boldsymbol{A}$，$\boldsymbol{B}$ 满足关系式 $\boldsymbol{A}^{-1}\boldsymbol{BA}=6\boldsymbol{A}+\boldsymbol{BA}$，且 $\boldsymbol{A}=\begin{pmatrix}\frac{1}{3}&0&0\\0&\frac{1}{4}&0\\0&0&\frac{1}{7}\end{pmatrix}$，求 $\boldsymbol{B}$.

六、设 $\boldsymbol{A}^k=\boldsymbol{0}$($k$ 为正整数)，证明 $(\boldsymbol{E}-\boldsymbol{A})^{-1}=\boldsymbol{E}+\boldsymbol{A}+\boldsymbol{A}^2+\cdots+\boldsymbol{A}^{k-1}$.

七、设方阵 $\boldsymbol{A}$ 满足 $\boldsymbol{A}^2-\boldsymbol{A}-2\boldsymbol{E}=\boldsymbol{0}$，证明 $\boldsymbol{A}$ 及 $\boldsymbol{A}+2\boldsymbol{E}$ 都可逆，并求 $\boldsymbol{A}^{-1}$ 及 $(\boldsymbol{A}+2\boldsymbol{E})^{-1}$.

八、设 $\boldsymbol{A}$ 是三阶方阵，$\boldsymbol{A}^*$ 为 $\boldsymbol{A}$ 的伴随矩阵，$|\boldsymbol{A}|=\dfrac{1}{2}$，求 $|(3\boldsymbol{A})^{-1}-2\boldsymbol{A}^*|$ 的值.

九、设 $P^{-1}AP=\Lambda$，其中 $P=\begin{pmatrix}-1 & -4\\ 1 & 1\end{pmatrix}$，$\Lambda=\begin{pmatrix}1 & 0\\ 0 & 2\end{pmatrix}$，利用对角阵 Λ 的性质，计算 A^{11}.

十、利用等式 $\begin{pmatrix}-5 & 3\\ -14 & 8\end{pmatrix}=\begin{pmatrix}1 & 3\\ 2 & 7\end{pmatrix}\begin{pmatrix}1 & 0\\ 0 & 2\end{pmatrix}\begin{pmatrix}7 & -3\\ -2 & 1\end{pmatrix}$ 及 $\begin{pmatrix}7 & -3\\ -2 & 1\end{pmatrix}\begin{pmatrix}1 & 3\\ 2 & 7\end{pmatrix}=E$，求 $\begin{pmatrix}-5 & 3\\ -14 & 8\end{pmatrix}^6$.

习题 2-3 分 块 矩 阵

一、填空题.

1. 设 $A=\begin{pmatrix}1 & 2\\ 3 & 4\end{pmatrix}$，$B=\begin{pmatrix}1 & 0\\ 0 & 2\end{pmatrix}$，$O=\begin{pmatrix}0 & 0\\ 0 & 0\end{pmatrix}$，则分块矩阵 $\begin{pmatrix}A & O\\ O & B\end{pmatrix}$ 的行列式值 $\begin{vmatrix}A & O\\ O & B\end{vmatrix}=$______________，逆矩阵 $\begin{pmatrix}A & O\\ O & B\end{pmatrix}^{-1}=$______________.

2. 设 n 阶矩阵 A 及 s 阶矩阵 B 都可逆，则 $\begin{pmatrix}O & A\\ B & O\end{pmatrix}^{-1}=$______________.

题 2

3. 分块矩阵 $\begin{pmatrix} \boldsymbol{O} & \boldsymbol{B} \\ \boldsymbol{A} & \boldsymbol{O} \end{pmatrix} = \begin{pmatrix} 0 & 0 & 1 & 0 \\ 0 & 0 & 0 & 2 \\ 1 & 2 & 0 & 0 \\ 3 & 4 & 0 & 0 \end{pmatrix}$ 可以通过__________次相邻行的位置交换，变成 $\begin{pmatrix} \boldsymbol{A} & \boldsymbol{O} \\ \boldsymbol{O} & \boldsymbol{B} \end{pmatrix} = \begin{pmatrix} 1 & 2 & 0 & 0 \\ 3 & 4 & 0 & 0 \\ 0 & 0 & 1 & 0 \\ 0 & 0 & 0 & 2 \end{pmatrix}$，由此可得 $\begin{vmatrix} \boldsymbol{O} & \boldsymbol{B} \\ \boldsymbol{A} & \boldsymbol{O} \end{vmatrix} =$ __________ $\begin{vmatrix} \boldsymbol{A} & \boldsymbol{O} \\ \boldsymbol{O} & \boldsymbol{B} \end{vmatrix}$，逆矩阵 $\begin{pmatrix} \boldsymbol{O} & \boldsymbol{B} \\ \boldsymbol{A} & \boldsymbol{O} \end{pmatrix}^{-1} =$ __________.

题 3

4. 设 $\boldsymbol{A}$ 为 n 阶可逆方阵，$\boldsymbol{B}$ 为 m 阶可逆方阵，且 $|\boldsymbol{A}| = a \neq 0$，$|\boldsymbol{B}| = b \neq 0$，类似前面一题，可得 $\begin{vmatrix} \boldsymbol{O} & 2\boldsymbol{A} \\ \boldsymbol{B} & \boldsymbol{O} \end{vmatrix} =$ __________，$\begin{pmatrix} \boldsymbol{O} & 2\boldsymbol{A} \\ \boldsymbol{B} & \boldsymbol{O} \end{pmatrix}^{-1} =$ __________.

5. 设 $\boldsymbol{A}$ 为 n 阶可逆方阵，$\boldsymbol{B}$ 为 m 阶可逆方阵，$\boldsymbol{C}$ 为 $n \times m$ 矩阵，且 $|\boldsymbol{A}| = a \neq 0$，$|\boldsymbol{B}| = b \neq 0$，则分块矩阵 $\boldsymbol{D} = \begin{pmatrix} \boldsymbol{A} & \boldsymbol{C} \\ \boldsymbol{O} & \boldsymbol{B} \end{pmatrix}$ 的行列式 $|\boldsymbol{D}| =$ __________，$\boldsymbol{D}^{-1} =$ __________，伴随矩阵 $\boldsymbol{D}^* =$ __________.

二、设 $\boldsymbol{A} = \begin{pmatrix} 5 & 0 & 0 \\ 0 & 3 & 1 \\ 0 & 2 & 1 \end{pmatrix}$，试用矩阵分块法求 $\boldsymbol{A}^{-1}$.

三、设 $\boldsymbol{A} = \begin{pmatrix} 0 & 0 & 3 & 2 \\ 0 & 0 & 3 & 4 \\ 0 & -1 & 0 & 0 \\ 2 & 3 & 0 & 0 \end{pmatrix}$，试用矩阵分块法求 $\boldsymbol{A}^{-1}$.

四、$A=\begin{pmatrix}0 & a_1 & 0 & \cdots & 0\\ 0 & 0 & a_2 & \cdots & 0\\ \vdots & \vdots & \vdots & & \vdots\\ 0 & 0 & 0 & \cdots & a_{n-1}\\ a_n & 0 & 0 & \cdots & 0\end{pmatrix}$，其中 a_1，a_2，…，a_n 均不为 0，试用矩阵分块法求 A^{-1}.

五、设 $A=\begin{pmatrix}3 & 4 & 0 & 0\\ 4 & -3 & 0 & 0\\ 0 & 0 & 2 & 0\\ 0 & 0 & 2 & 2\end{pmatrix}$，求 $|A^8|$ 及 A^4.

自 测 题 二

一、选择题.

1. 设$\boldsymbol{A}=(a_1, a_2, a_3)$，$\boldsymbol{B}=(b_1, b_2, b_3)$是两个三维向量，且$\boldsymbol{A}^{\mathrm{T}}\boldsymbol{B}=\begin{pmatrix}3&0&2\\6&0&4\\9&0&6\end{pmatrix}$，$\boldsymbol{A}\boldsymbol{B}^{\mathrm{T}}=$(　　).

A. 6　　B. 9　　C. 15　　D. 12

2. 设$\boldsymbol{A}$，$\boldsymbol{B}$都是三阶可逆矩阵，且$|\boldsymbol{A}|=2$，$|\boldsymbol{B}|=\dfrac{3}{2}$，则$|(\boldsymbol{A}\boldsymbol{B})^*|=$(　　).

A. 3　　B. 9　　C. 4　　D. $\dfrac{1}{9}$

3. 设$\boldsymbol{A}$，$\boldsymbol{B}$，$\boldsymbol{A}+\boldsymbol{B}$，$\boldsymbol{A}^{-1}+\boldsymbol{B}^{-1}$均为$n$阶可逆阵，则$(\boldsymbol{A}^{-1}+\boldsymbol{B}^{-1})^{-1}$等于(　　).

A. $\boldsymbol{A}^{-1}+\boldsymbol{B}^{-1}$　　B. $\boldsymbol{A}+\boldsymbol{B}$

C. $\boldsymbol{A}(\boldsymbol{A}+\boldsymbol{B})^{-1}\boldsymbol{B}$　　D. $(\boldsymbol{A}+\boldsymbol{B})^{-1}$

4. 设$\boldsymbol{A}$，$\boldsymbol{B}$为五阶可逆方阵，则分块矩阵$\boldsymbol{C}=\begin{pmatrix}\boldsymbol{O}&\boldsymbol{A}\\\boldsymbol{B}&\boldsymbol{O}\end{pmatrix}$的伴随矩阵$\boldsymbol{C}^*=$(　　).

A. $\begin{pmatrix}\boldsymbol{O}&|\boldsymbol{A}|\boldsymbol{A}^*\\|\boldsymbol{B}|\boldsymbol{B}^*&\boldsymbol{O}\end{pmatrix}$　　B. $\begin{pmatrix}\boldsymbol{O}&-|\boldsymbol{A}|\boldsymbol{A}^*\\-|\boldsymbol{B}|\boldsymbol{B}^*&\boldsymbol{O}\end{pmatrix}$

C. $\begin{pmatrix}\boldsymbol{O}&|\boldsymbol{A}|\boldsymbol{A}^*\\|\boldsymbol{B}|\boldsymbol{A}^*&\boldsymbol{O}\end{pmatrix}$　　D. $\begin{pmatrix}\boldsymbol{O}&-|\boldsymbol{A}|\boldsymbol{B}^*\\|\boldsymbol{B}|\boldsymbol{A}^*&\boldsymbol{O}\end{pmatrix}$

5. 设$\boldsymbol{D}=\begin{pmatrix}\boldsymbol{A}&\boldsymbol{O}\\\boldsymbol{C}&\boldsymbol{B}\end{pmatrix}$，其中$\boldsymbol{A}$，$\boldsymbol{B}$分别为$m$阶和$n$阶可逆矩阵，则$\boldsymbol{D}^{-1}=$(　　).

A. $\begin{pmatrix}\boldsymbol{A}^{-1}&-\boldsymbol{A}^{-1}\boldsymbol{C}\boldsymbol{B}^{-1}\\\boldsymbol{O}&\boldsymbol{B}^{-1}\end{pmatrix}$　　B. $\begin{pmatrix}\boldsymbol{A}^{-1}&\boldsymbol{O}\\-\boldsymbol{B}^{-1}\boldsymbol{C}\boldsymbol{A}^{-1}&\boldsymbol{B}^{-1}\end{pmatrix}$

C. $\begin{pmatrix}-\boldsymbol{B}^{-1}\boldsymbol{C}\boldsymbol{A}^{-1}&\boldsymbol{B}^{-1}\\\boldsymbol{A}^{-1}&\boldsymbol{O}\end{pmatrix}$　　D. $\begin{pmatrix}\boldsymbol{O}&\boldsymbol{B}^{-1}\\\boldsymbol{A}^{-1}&-\boldsymbol{A}^{-1}\boldsymbol{C}\boldsymbol{B}^{-1}\end{pmatrix}$

二、填空题.

1. 设$\begin{pmatrix}x_1&x_2\\-3&4\end{pmatrix}\begin{pmatrix}3&-2\\y_1&y_2\end{pmatrix}=\begin{pmatrix}5&0\\-5&10\end{pmatrix}$，则$x_1=$____________，$x_2=$____________.

2. 设$\boldsymbol{A}$为n阶方阵，且$|\boldsymbol{A}|=3$，则$||\boldsymbol{A}|\boldsymbol{A}|=$____________.

3. 设$\boldsymbol{A}=\begin{pmatrix}1&0\\-1&-2\end{pmatrix}$，$\boldsymbol{A}^*$是它的伴随矩阵，则$(\boldsymbol{A}^*)^{-1}=$____________，$(\boldsymbol{A}^{-1})^*=$____________.

4. 设$\boldsymbol{A}=\begin{pmatrix}1&0\\-1&-2\end{pmatrix}$，$\boldsymbol{A}^*$是它的伴随矩阵，则$(\boldsymbol{A}^{\mathrm{T}})^*=$____________，

$(A^*)^T =$ ______.

5. 设 $A=\begin{pmatrix}2&1&0&0\\5&3&0&0\\0&0&3&1\\0&0&1&1\end{pmatrix}$，则 $A^{-1}=$ ______.

三、设 $A=\begin{pmatrix}1&-2&2\\2&-3&6\\1&1&7\end{pmatrix}$，求 A^{-1}.

四、已知三阶方阵 A 的逆矩阵为 $A^{-1}=\begin{pmatrix}1&1&1\\1&2&1\\1&1&3\end{pmatrix}$，试求伴随矩阵 A^* 的逆矩阵.

五、设 $A=\begin{pmatrix}1&2&3\\1&2&3\\2&4&6\end{pmatrix}$，求 A^n.

六、设 a，b 是非零实数，$\boldsymbol{A}=\begin{pmatrix} a & b \\ 0 & a \end{pmatrix}$，利用二阶幂零阵 $\boldsymbol{\Lambda}=\begin{pmatrix} 0 & 1 \\ 0 & 0 \end{pmatrix}$，求 $\boldsymbol{A}^n$.

七、设 $\boldsymbol{P}^{-1}\boldsymbol{A}\boldsymbol{P}=\boldsymbol{\Lambda}$，其中 $\boldsymbol{P}=\begin{pmatrix} 1 & 1 \\ 1 & 2 \end{pmatrix}$，$\boldsymbol{\Lambda}=\begin{pmatrix} 2 & 0 \\ 0 & 1 \end{pmatrix}$，利用对角阵 $\boldsymbol{\Lambda}$ 的性质，计算 $\boldsymbol{A}^{2020}$.

八、利用逆矩阵求解线性方程组 $\begin{cases} x_1+2x_2-x_3=1 \\ 3x_1+4x_2-2x_3=2 \\ 5x_1-4x_2+x_3=3 \end{cases}$.

九、设 $\boldsymbol{A}$ 为 n 阶矩阵，满足 $\boldsymbol{A}\boldsymbol{A}^{\mathrm{T}} = \boldsymbol{E}$，$|\boldsymbol{A}| < 0$，求 $|\boldsymbol{A} + \boldsymbol{E}|$.

十、已知 $\boldsymbol{A}$，$\boldsymbol{B}$ 为三阶矩阵且满足 $2\boldsymbol{A}^{-1}\boldsymbol{B} = \boldsymbol{B} - 4\boldsymbol{E}$.

（1）证明：矩阵 $\boldsymbol{A} - 2\boldsymbol{E}$ 可逆；

（2）若 $\boldsymbol{B} = \begin{pmatrix} 1 & -2 & 0 \\ 1 & 2 & 0 \\ 0 & 0 & 2 \end{pmatrix}$，求矩阵 $\boldsymbol{A}$.

第三章　消元法与初等变换

思维导图

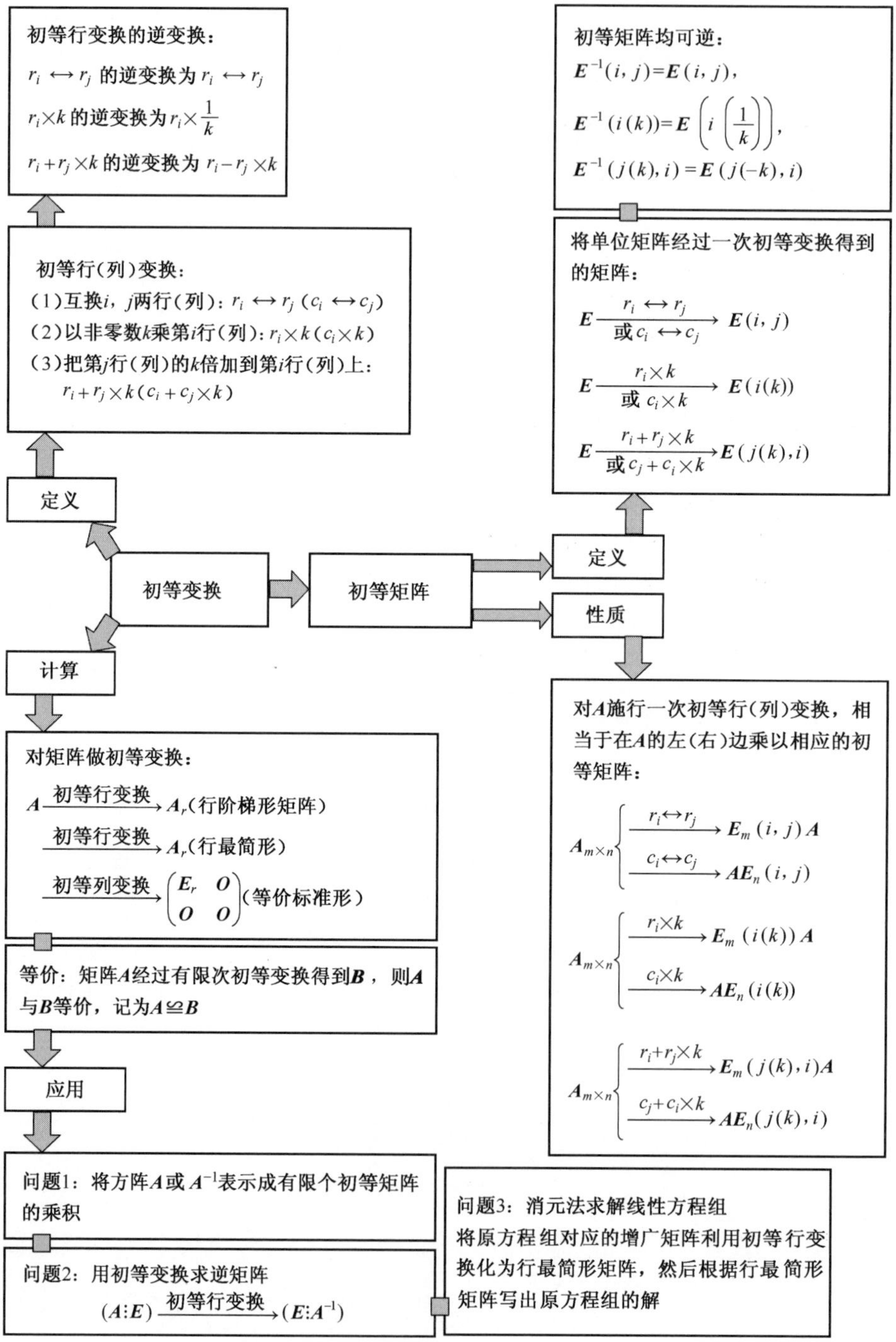

习题 3-1　矩阵的初等变换及初等矩阵

一、填空题.

1. 设 $\boldsymbol{A}$ 是一个 $m\times n$ 矩阵，对 $\boldsymbol{A}$ 施行一次初等行变换，相当于在 $\boldsymbol{A}$ 的__________边乘以相应的__________阶初等矩阵；对 $\boldsymbol{A}$ 施行一次初等列变换，相当于在 $\boldsymbol{A}$ 的__________边乘以相应的__________阶初等矩阵.

2. 矩阵 $\boldsymbol{A}=\begin{pmatrix}1 & 0 & 3\\ 2 & -1 & 2\\ 1 & 1 & 7\end{pmatrix}$ 左乘初等矩阵 $E[2(2)]$ 相当于进行______________初等变换.

3. 设 $\boldsymbol{B}=(b_{ij})_{3\times 3}$，则矩阵方程 $\begin{pmatrix}0 & 1 & 0\\ 1 & 0 & 0\\ 0 & 0 & 1\end{pmatrix}\boldsymbol{x}\begin{pmatrix}1 & 0 & 0\\ 0 & 0 & 1\\ 0 & 1 & 0\end{pmatrix}=\boldsymbol{B}$ 的解 $\boldsymbol{x}=$__________.

4. 矩阵 $\boldsymbol{A}=\begin{pmatrix}1 & 2 & 3 & 4\\ 0 & 2 & 1 & 3\\ 0 & 4 & 2 & 6\end{pmatrix}$ 的行最简形矩阵为__________.

题 4

5. 已知 $\boldsymbol{A}=\boldsymbol{E}[1,2]\boldsymbol{E}[2(3)]\boldsymbol{E}[2(-2),3]$ 是三个三阶初等矩阵之积，则 $\boldsymbol{A}=$__________，并用初等矩阵表示 $\boldsymbol{A}$ 的逆矩阵 $\boldsymbol{A}^{-1}=$__________.

题 5

二、把下列矩阵化为行最简形矩阵.

(1) $\begin{pmatrix}1 & 0 & 2 & -1\\ 2 & 0 & 3 & 1\\ 3 & 0 & 4 & -3\end{pmatrix}$；

（2）$\begin{pmatrix} 0 & 2 & -3 & 1 \\ 0 & 3 & -4 & 3 \\ 0 & 4 & -7 & -1 \end{pmatrix}$.

三、将下列矩阵及其逆矩阵表成有限个初等方阵之积.

（1）$\boldsymbol{A} = \begin{pmatrix} 1 & 0 & 0 \\ 2 & 0 & -1 \\ 0 & -1 & 0 \end{pmatrix}$；

（2）$\boldsymbol{A} = \begin{pmatrix} a & 0 \\ 0 & a^{-1} \end{pmatrix}$ $(a \neq 0)$.

四、用初等变换法求下列矩阵的逆阵 .

(1) $A=\begin{pmatrix}1 & -3 & 2\\ -3 & 0 & 1\\ 1 & -1 & 1\end{pmatrix}$;

(2) $A=\begin{pmatrix}1 & 1 & 1 & 1\\ 1 & 1 & -1 & -1\\ 1 & -1 & 1 & -1\\ 1 & -1 & -1 & 1\end{pmatrix}$.

五、(研，1997) 设 $\boldsymbol{A}$ 是 n 阶可逆方阵，将 $\boldsymbol{A}$ 的第 i 行与第 j 行对换后得到的矩阵为 $\boldsymbol{B}$.

(1) 证明 $\boldsymbol{B}$ 可逆;

(2) 求 $\boldsymbol{AB}^{-1}$.

习题 3-2 初等变换法求逆阵及消元法求解线性方程组

一、填空题.

1. 方程个数小于未知量个数的线性齐次方程组 ________ (有或没有) 非零解.

2. 若线性方程组 $\begin{cases} x_1 + x_2 = -a_1 \\ x_2 + x_3 = a_2 \\ x_3 + x_4 = -a_3 \\ x_1 + x_4 = a_4 \end{cases}$ 有解，则常数 a_1，a_2，a_3，a_4 应满足条件 ________________.

题 2

3. 方程 $\boldsymbol{Ax} = \boldsymbol{b}$ 做

$$(\boldsymbol{A} \vdots b) \xrightarrow{\text{初等行变换}} \left(\begin{array}{ccc|c} 1 & 0 & 1 & 2 \\ 0 & 1 & 0 & 2 \\ 0 & 0 & 0 & 1-2a \end{array}\right)$$

则________时，方程无解；________时，方程组有无穷多解，其一般解为__________.

4. 设 n 阶行列式 $|a_{ij}| \neq 0$，则线性方程组 $\begin{cases} a_{11}x_1 + a_{12}x_2 + \cdots + a_{1,n-1}x_{n-1} = a_{1n} \\ a_{21}x_1 + a_{22}x_2 + \cdots + a_{2,n-1}x_{n-1} = a_{2n} \\ \vdots \\ a_{n1}x_1 + a_{n2}x_2 + \cdots + a_{n,n-1}x_{n-1} = a_{nn} \end{cases}$ ____解.

5. 当 $k \neq$ ________时，方程组 $\begin{cases} kx + z = 0 \\ 2x + ky + z = 0 \\ kx - 2y + z = 0 \end{cases}$ 只有零解.

二、求解下列方程组.

(1) $\begin{cases} 2x + 3y + z = 4 \\ x - 2y + 4z = -5 \\ 3x + 8y - 2z = 13 \\ 4x - y + 9z = -6 \end{cases}$;

（2）$\begin{cases} x_1 + 2x_2 + x_3 - x_4 = 0 \\ 3x_1 + 6x_2 - x_3 - 3x_4 = 0 \\ 5x_1 + 10x_2 + x_3 - 5x_4 = 0 \end{cases}$.

三、已知方程组$\begin{pmatrix} 1 & 2 & 1 \\ 2 & 3 & a+2 \\ 1 & a & -2 \end{pmatrix}\begin{pmatrix} x_1 \\ x_2 \\ x_3 \end{pmatrix} = \begin{pmatrix} 1 \\ 3 \\ 0 \end{pmatrix}$无解，求 a.

四、设线性方程组$\begin{cases}x_1+3x_2+2x_3+x_4=1\\x_2+ax_3-ax_4=-1\\x_1+2x_2+3x_4=3\end{cases}$，问 a 为何值时方程组有解？并在有解时，求出方程组的解.

五、已知线性方程组$\begin{cases}x_1+x_2-2x_3+3x_4=0\\2x_1+x_2-6x_3+4x_4=-1\\3x_1+2x_2+px_3+7x_4=-1\\x_1-x_2-6x_3-x_4=t\end{cases}$，试讨论参数 p，t 取何值时，方程组有解？无解？当有解时，试求其解.

自 测 题 三

一、选择题 .

1. 下列矩阵中不是初等矩阵的是（ ）.

A. $\begin{pmatrix}1&0&0\\0&1&0\\3&0&1\end{pmatrix}$ B. $\begin{pmatrix}3&0&0\\0&1&0\\0&0&1\end{pmatrix}$ C. $\begin{pmatrix}1&3&0\\0&1&0\\0&0&1\end{pmatrix}$ D. $\begin{pmatrix}0&0&1\\0&-3&0\\1&0&0\end{pmatrix}$

2.（研，2001）$\boldsymbol{A}=\begin{pmatrix}a_{11}&a_{12}&a_{13}&a_{14}\\a_{21}&a_{22}&a_{23}&a_{24}\\a_{31}&a_{32}&a_{33}&a_{34}\\a_{41}&a_{42}&a_{43}&a_{44}\end{pmatrix}$，$\boldsymbol{B}=\begin{pmatrix}a_{14}&a_{13}&a_{12}&a_{11}\\a_{24}&a_{23}&a_{22}&a_{21}\\a_{34}&a_{33}&a_{32}&a_{31}\\a_{44}&a_{43}&a_{42}&a_{41}\end{pmatrix}$，$\boldsymbol{P}_1=\begin{pmatrix}0&0&0&1\\0&1&0&0\\0&0&1&0\\1&0&0&0\end{pmatrix}$，

$\boldsymbol{P}_2=\begin{pmatrix}1&0&0&0\\0&0&1&0\\0&1&0&0\\0&0&0&1\end{pmatrix}$，其中 $\boldsymbol{A}$ 可逆，则 $\boldsymbol{B}^{-1}$ 等于（ ）.

题 2

A. $\boldsymbol{A}^{-1}\boldsymbol{P}_1\boldsymbol{P}_2$ B. $\boldsymbol{P}_1\boldsymbol{A}^{-1}\boldsymbol{P}_2$ C. $\boldsymbol{P}_1\boldsymbol{P}_2\boldsymbol{A}^{-1}$ D. $\boldsymbol{P}_2\boldsymbol{A}^{-1}\boldsymbol{P}_1$

3.（研，2006）设 $\boldsymbol{A}$ 是三阶矩阵，将 $\boldsymbol{A}$ 的第 2 行加到第 1 行得 $\boldsymbol{B}$，再将 $\boldsymbol{B}$ 的第 1 列的 -1 倍加到第 2 列得 $\boldsymbol{C}$，记 $\boldsymbol{P}=\begin{pmatrix}1&1&0\\0&1&0\\0&0&1\end{pmatrix}$，则（ ）.

题 3

A. $\boldsymbol{C}=\boldsymbol{P}^{-1}\boldsymbol{A}\boldsymbol{P}$ B. $\boldsymbol{C}=\boldsymbol{P}\boldsymbol{A}\boldsymbol{P}^{-1}$ C. $\boldsymbol{C}=\boldsymbol{P}^{\mathrm{T}}\boldsymbol{A}\boldsymbol{P}$ D. $\boldsymbol{C}=\boldsymbol{P}\boldsymbol{A}\boldsymbol{P}^{\mathrm{T}}$

4. 设 $\boldsymbol{A}=\begin{pmatrix}0&0&2&0\\0&0&0&3\\4&0&0&0\\0&5&0&0\end{pmatrix}$，则 $\boldsymbol{A}$ 的逆阵表成初等方阵之积的形式为（ ）.

题 4

A. $\boldsymbol{E}\left[1\left(\frac{1}{2}\right)\right]\boldsymbol{E}\left[2\left(\frac{1}{3}\right)\right]\boldsymbol{E}\left[3\left(\frac{1}{4}\right)\right]\boldsymbol{E}\left[4\left(\frac{1}{5}\right)\right]\boldsymbol{E}[1,3]\boldsymbol{E}[2,4]$

B. $\boldsymbol{E}[1,3]\boldsymbol{E}[2,4]\boldsymbol{E}\left[1\left(\frac{1}{2}\right)\right]\boldsymbol{E}\left[2\left(\frac{1}{3}\right)\right]\boldsymbol{E}\left[3\left(\frac{1}{4}\right)\right]\boldsymbol{E}\left[4\left(\frac{1}{5}\right)\right]$

C. $\boldsymbol{E}\left[4\left(\frac{1}{5}\right)\right]\boldsymbol{E}\left[3\left(\frac{1}{4}\right)\right]\boldsymbol{E}\left[2\left(\frac{1}{3}\right)\right]\boldsymbol{E}\left[1\left(\frac{1}{2}\right)\right]\boldsymbol{E}[2,4]\boldsymbol{E}[1,3]$

D. $\boldsymbol{E}[1,3]\boldsymbol{E}\left[1\left(\frac{1}{2}\right)\right]\boldsymbol{E}\left[3\left(\frac{1}{4}\right)\right]\boldsymbol{E}[2,4]\boldsymbol{E}\left[2\left(\frac{1}{5}\right)\right]\boldsymbol{E}\left[4\left(\frac{1}{3}\right)\right]$

5.（研，2005）设 $\boldsymbol{A}$ 为 n（$n\geqslant 2$）阶可逆矩阵，交换 $\boldsymbol{A}$ 的第 1 行与第 2 行得矩阵 $\boldsymbol{B}$，$\boldsymbol{A}^*$，$\boldsymbol{B}^*$ 分别为 $\boldsymbol{A}$，$\boldsymbol{B}$ 的伴随矩阵，则（ ）.

A. 交换 $\boldsymbol{A}^*$ 的第 1 列与第 2 列得 $\boldsymbol{B}^*$

B. 交换 $\boldsymbol{A}^*$ 的第 1 行与第 2 行得 $\boldsymbol{B}^*$

C. 交换 $\boldsymbol{A}^*$ 的第 1 列与第 2 列得 $-\boldsymbol{B}^*$

D. 交换 $\boldsymbol{A}^*$ 的第 1 行与第 2 行得 $-\boldsymbol{B}^*$

题 5

6. 已知齐次线性方程组 $\begin{cases} ax_1+x_2+x_3=0 \\ x_1+bx_2+x_3=0 \\ x_1+2bx_2+x_3=0 \end{cases}$ 有非零解，则参数 a，b 必须满足（　　）.

A. $a=1$ 或 $b=0$　　B. $a=0$ 或 $b=1$　　C. $a+b=1$　　D. $a-b=1$

二、填空题.

1. 四阶初等矩阵 $\boldsymbol{E}[3(-2),1]=$ ____________，其逆阵= ____________.

2. $\boldsymbol{A}$，$\boldsymbol{B}$ 为三阶方阵，若 $\boldsymbol{A}\xrightarrow{r_2+2r_1}\boldsymbol{B}$，则 $\boldsymbol{B}=\boldsymbol{PA}$，其中初等矩阵 $\boldsymbol{P}=$ ____________.

3. 设矩阵 $\boldsymbol{A}=\boldsymbol{P}^{10}\begin{pmatrix} a_1 & a_2 & a_3 \\ b_1 & b_2 & b_3 \\ c_1 & c_2 & c_3 \end{pmatrix}\boldsymbol{P}^m(m\in\mathbb{N})$，其中 $\boldsymbol{P}=\begin{pmatrix} 0 & 0 & 1 \\ 0 & 1 & 0 \\ 1 & 0 & 0 \end{pmatrix}$，则 $\boldsymbol{A}=$ ____________.

4. 线性方程组 $\begin{cases} x_1+2x_2=a_1 \\ x_2+2x_3=a_2 \\ x_3+2x_4=a_3 \\ x_1+3x_2+x_3-2x_4=a_4 \end{cases}$ 有解的充分必要条件是____________.
[用 $a_i(i=1,2,3,4)$ 的表达式给出]

5. 若方程组 $\begin{cases} \lambda x_1+x_2+x_3=0 \\ x_1+\lambda x_2+x_3=1 \\ x_1+x_2+\lambda x_3=\lambda \end{cases}$ 无解，则 $\lambda=$ ____________.

三、设 $\boldsymbol{A}$，$\boldsymbol{B}$ 都是三阶方阵，将 $\boldsymbol{A}$ 的第 1 行的 -2 倍加到第 3 行，得矩阵 $\boldsymbol{C}$，将 $\boldsymbol{B}$ 的第 1 列乘以 -2 得到矩阵 $\boldsymbol{D}$，若 $\boldsymbol{CD}=\begin{pmatrix} 0 & 3 & 1 \\ 2 & 5 & 7 \\ 4 & 8 & 6 \end{pmatrix}$，求 $\boldsymbol{AB}$.

四、用初等变换求矩阵 $\boldsymbol{A}=\begin{pmatrix}2 & 2 & 3\\ 1 & -1 & 0\\ -1 & 2 & 1\end{pmatrix}$ 的逆阵.

五、用初等变换法，求下列矩阵 $\boldsymbol{x}$.

(1) $\begin{pmatrix}2 & 5\\ 1 & 3\end{pmatrix}\boldsymbol{x}=\begin{pmatrix}4 & -6\\ 2 & 1\end{pmatrix}$；

(2) $\begin{pmatrix}1 & 1 & -1\\0 & 2 & 2\\1 & -1 & 0\end{pmatrix}\boldsymbol{x}=\begin{pmatrix}1 & -1 & 1\\1 & 1 & 0\\2 & 1 & 1\end{pmatrix}$.

六、求解非齐次线性方程组$\begin{cases}x_1+2x_2+3x_3+x_4=5\\2x_1+4x_2-x_4=-2\\-x_1-2x_2+3x_3+2x_4=7\end{cases}$.

七、设 n 阶方阵 $\boldsymbol{A}$ 的行列式 $|\boldsymbol{A}|=k\neq 0$，如果 $\boldsymbol{A}$ 的第 i 行上每一个元素乘同一个常数 k 后得矩阵 $\boldsymbol{B}$.

（1）证明 $\boldsymbol{B}$ 可逆，并求 $\boldsymbol{B}^{-1}$；

（2）求 $\boldsymbol{AB}^{-1}$ 及 $\boldsymbol{BA}^{-1}$；

（3）证明 $\boldsymbol{A}^{-1}$ 的第 i 列上每一个元素乘同一个常数 $\frac{1}{k}$ 后得到 $\boldsymbol{B}^{-1}$；

（4）证明 $\boldsymbol{A}^{*}$ 的第 i 列上每一个元素乘同一个常数 $\frac{1}{k}$ 后得到 $\left(\frac{1}{k}\boldsymbol{B}^{*}\right)$.

八、k 取何值时，方程组 $\begin{cases} kx_1+x_2+x_3=5 \\ 3x_1+2x_2+kx_3=18-5k \\ x_2+2x_3=2 \end{cases}$ 无解？有唯一解？有无穷多解？并在无穷多解时，求一般解.

第四章　向量与矩阵的秩

思维导图

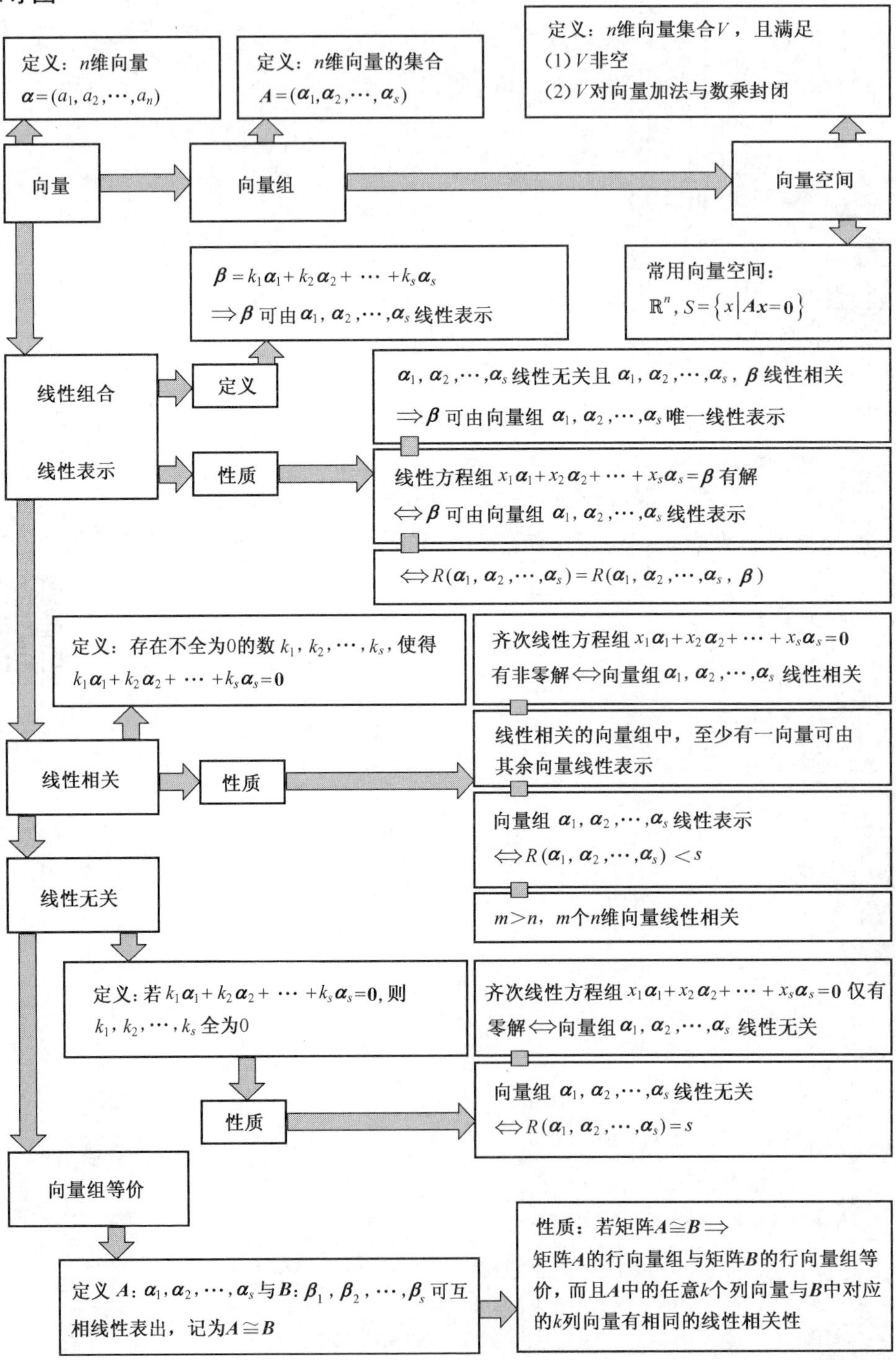

极大无关组

- **向量空间** → **基**：向量空间的极大无关组 → **维数**：向量空间的秩

定义：向量组T中的向量组$A:\boldsymbol{\alpha}_1,\boldsymbol{\alpha}_2,\cdots,\boldsymbol{\alpha}_r$且

(1)$A:\boldsymbol{\alpha}_1,\boldsymbol{\alpha}_2,\cdots,\boldsymbol{\alpha}_r$线性无关

(2) $\forall\boldsymbol{\beta}\in T$，$\boldsymbol{\beta}$可由$A:\boldsymbol{\alpha}_1,\boldsymbol{\alpha}_2,\cdots,\boldsymbol{\alpha}_r$线性表示，则向量组$A$是向量组$T$的一个极大无关组

性质：(1)$A\cong T$

(2)向量组T的极大无关组不唯一，极大无关组之间等价，且极大无关组所含向量个数相同

向量组的秩

定义：向量组T的极大无关组所有向量的个数，记$r(T)$

性质：n维向量组A,B

(1)A可由B线性表示$\Longrightarrow r(A)\leqslant r(B)$

(2)$A\cong B\Longrightarrow r(A)=r(B)$

矩阵的秩

定义：矩阵的秩$R(A)$=行列式秩$R(A)$=行向量组的秩$r(A)$=列向量组的秩$c(A)$

计算

方法一：对矩阵做初等变换：

$$A\xrightarrow{\text{初等行变换}}A_r\text{（行阶梯形矩阵）}$$

行阶梯形矩阵A_r的非零行数$r=R(A)$

方法二：最高阶非零子式的阶数

方法三：行（列）向量组的极大无关组所含向量的个数

性质

(1)设A为$m\times n$矩阵，则$0\leqslant R(A)\leqslant\min\{m,n\}$

(2)$R(A)=R(A^{\mathrm{T}})$

(3)设矩阵$A_{m\times s}$，$B_{s\times n}$，则$R(AB)\leqslant\min\{R(A),R(B)\}$

(4)设A,B均为$m\times n$矩阵，则$R(A\pm B)\leqslant R(A)+R(B)$

(5)设矩阵$A_{m\times s}$，$B_{s\times n}$，且$AB=O$，则$R(A)+R(B)\leqslant n$

(6)若P可逆，则$R(PB)=R(B)$

若P可逆，则$R(AP)=R(A)$

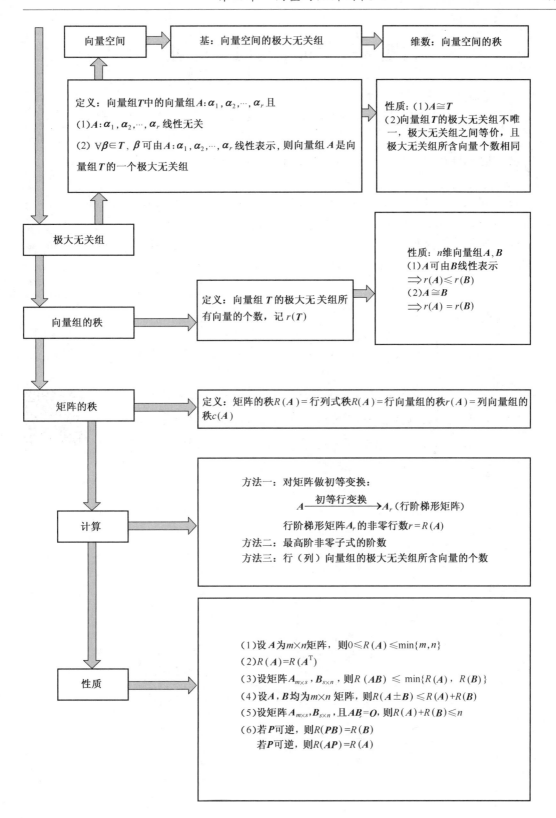

习题 4-1　向量与向量空间

一、填空题.

1. 设向量 $\boldsymbol{\alpha}_1=(1, 0, 2)$，$\boldsymbol{\alpha}_2=(0, 1, -1)$，$\boldsymbol{\alpha}_3=(-1, 1, 1)$，则 $2\boldsymbol{\alpha}_1+\boldsymbol{\alpha}_2-\boldsymbol{\alpha}_3=$ ________________.

2. 设向量 $\boldsymbol{\alpha}_1=(-1, 4)$，$\boldsymbol{\alpha}_2=(1, 2)$，$\boldsymbol{\alpha}_3=(4, 11)$，数 a 和 b 使 $a\boldsymbol{\alpha}_1-b\boldsymbol{\alpha}_2-\boldsymbol{\alpha}_3=\mathbf{0}$，则 $a=$ ________________，$b=$ ________________.

3. 设向量 $\boldsymbol{\alpha}_1=(1, 1, 2)$，$\boldsymbol{\alpha}_2=(2, 1, 2)$，$\boldsymbol{\alpha}_3=(1, 2, 3)$，且 $3(\boldsymbol{\alpha}_1-\boldsymbol{\alpha})+2(\boldsymbol{\alpha}_2+\boldsymbol{\alpha})=5(\boldsymbol{\alpha}_3+\boldsymbol{\alpha})$，则 $\boldsymbol{\alpha}=$ ________________.

4. 设 n 维向量集合 $V_1=\{(a_1, a_2, \cdots, a_n) \mid a_1+a_2+\cdots+a_n=1, a_1, a_2, \cdots, a_n\in\mathbb{R}\}$，$V_1$ ______________（构成或不构成）向量空间.

5. 任意矩阵 $\boldsymbol{A}=\begin{pmatrix} a_{11} & a_{12} & \cdots & a_{1n} \\ a_{21} & a_{22} & \cdots & a_{2n} \\ \vdots & \vdots & & \vdots \\ a_{m1} & a_{m2} & \cdots & a_{mn} \end{pmatrix}$ 可以写成两种向量形式为________________和________________________.

二、R^3 的子集是否构成向量空间？它们在几何上各表示什么？

(1) $V_1=\{(x_1, x_2, x_3) \mid x_1+x_2+x_3=0, x_1, x_2, x_3\in\mathbb{R}\}$；

(2) $V_1=\{(x_1, x_2, x_3) \mid x_1+x_2+x_3=1, x_1, x_2, x_3\in\mathbb{R}\}$；

(3) $V_1=\{(x_1, x_2, x_3) \mid x_1=x_2=x_3, x_1, x_2, x_3\in\mathbb{R}\}$.

习题 4-2　向量组的线性相关性

一、填空题.

1. 设$\boldsymbol{\beta}$，$\boldsymbol{\alpha}_1$，$\boldsymbol{\alpha}_2$线性相关，$\boldsymbol{\beta}$，$\boldsymbol{\alpha}_2$，$\boldsymbol{\alpha}_3$线性无关，则$\boldsymbol{\beta}$，$\boldsymbol{\alpha}_1$，$\boldsymbol{\alpha}_2$，$\boldsymbol{\alpha}_3$线性______.

2. 向量组$\boldsymbol{\alpha}_1=(1,\ 1,\ 1)^{\mathrm{T}}$，$\boldsymbol{\alpha}_2=(1,\ 2,\ 4)^{\mathrm{T}}$，$\boldsymbol{\alpha}_3=(1,\ a,\ a^2)^{\mathrm{T}}$线性无关的充要条件为$a\neq$______________.

3. 已知$\boldsymbol{\alpha}_1$，$\boldsymbol{\alpha}_2$，$\boldsymbol{\alpha}_3$线性相关，$\boldsymbol{\alpha}_3$不能由$\boldsymbol{\alpha}_1$，$\boldsymbol{\alpha}_2$线性表示，则$\boldsymbol{\alpha}_1$，$\boldsymbol{\alpha}_2$线性________.

4. 设$\boldsymbol{\alpha}=(2,\ 1,\ 2)^{\mathrm{T}}$，$\boldsymbol{\beta}=(1,\ 2,\ 2)^{\mathrm{T}}$，$\boldsymbol{\gamma}=(2,\ 2,\ t)^{\mathrm{T}}$线性相关，则$t=$________.

5. 设向量$\boldsymbol{\alpha}_1=(1,\ 0,\ 1)^{\mathrm{T}}$，$\boldsymbol{\alpha}_2=(0,\ 1,\ 0)^{\mathrm{T}}$，$\boldsymbol{\alpha}_3=(0,\ 0,\ 1)^{\mathrm{T}}$，则向量$\boldsymbol{\alpha}=(-1,\ -1,\ 0)^{\mathrm{T}}$可表示为$\boldsymbol{\alpha}_1$，$\boldsymbol{\alpha}_2$，$\boldsymbol{\alpha}_3$的线性组合________________________________.

6. 若向量组$\boldsymbol{\alpha}_1$，$\boldsymbol{\alpha}_2$，$\boldsymbol{\alpha}_3$与向量组$l\boldsymbol{\alpha}_1+\boldsymbol{\alpha}_2$，$\boldsymbol{\alpha}_2+\boldsymbol{\alpha}_3$，$m\boldsymbol{\alpha}_3+\boldsymbol{\alpha}_1$都线性无关，则常数$l$与$m$必满足关系式__________________________.

题 6

二、设$\boldsymbol{\alpha}_1=(1,\ 4,\ 0,\ 2)^{\mathrm{T}}$，$\boldsymbol{\alpha}_2=(2,\ 7,\ 1,\ 3)^{T}$，$\boldsymbol{\alpha}_3=(0,\ 1,\ -1,\ a)^{\mathrm{T}}$，$\boldsymbol{\beta}=(3,\ 10,\ b,\ 4)^{\mathrm{T}}$，问：

（1）a，b取何值时，$\boldsymbol{\beta}$不能由$\boldsymbol{\alpha}_1$，$\boldsymbol{\alpha}_2$，$\boldsymbol{\alpha}_3$线性表示？

（2）a，b取何值时，$\boldsymbol{\beta}$可由$\boldsymbol{\alpha}_1$，$\boldsymbol{\alpha}_2$，$\boldsymbol{\alpha}_3$线性表示？并写出此表达式.

三、设 $\boldsymbol{\alpha}_1 = (6, a+1, 3)^{\mathrm{T}}$，$\boldsymbol{\alpha}_2 = (a, 2, -2)^{\mathrm{T}}$，$\boldsymbol{\alpha}_3 = (a, 1, 0)^{T}$，$\boldsymbol{\alpha}_4 = (0, 1, a)^{\mathrm{T}}$，试问：

（1）a 为何值时，$\boldsymbol{\alpha}_1$，$\boldsymbol{\alpha}_2$ 线性相关？线性无关？

（2）a 为何值时，$\boldsymbol{\alpha}_1$，$\boldsymbol{\alpha}_2$，$\boldsymbol{\alpha}_3$ 线性相关？线性无关？

（3）a 为何值时，$\boldsymbol{\alpha}_1$，$\boldsymbol{\alpha}_2$，$\boldsymbol{\alpha}_3$，$\boldsymbol{\alpha}_4$ 线性相关？线性无关？

四、已知 $\boldsymbol{\alpha}_1 = (1+\lambda, 1, 1)^{\mathrm{T}}$，$\boldsymbol{\alpha}_2 = (1, 1+\lambda, 1)^{\mathrm{T}}$，$\boldsymbol{\alpha}_3 = (1, 1, 1+\lambda)^{\mathrm{T}}$，$\boldsymbol{\beta} = (0, \lambda, \lambda^2)^{\mathrm{T}}$.

（1）求 λ 为何值时，$\boldsymbol{\beta}$ 可由 $\boldsymbol{\alpha}_1$，$\boldsymbol{\alpha}_2$，$\boldsymbol{\alpha}_3$ 线性表出，且表达式唯一；

（2）求 λ 为何值时，$\boldsymbol{\beta}$ 可由 $\boldsymbol{\alpha}_1$，$\boldsymbol{\alpha}_2$，$\boldsymbol{\alpha}_3$ 线性表出，但表达式不唯一.

五、证明题.

（1）证明向量组 $\boldsymbol{\alpha}_1+\boldsymbol{\alpha}_2$，$\boldsymbol{\alpha}_2+\boldsymbol{\alpha}_3$，$\boldsymbol{\alpha}_3+\boldsymbol{\alpha}_1$ 线性无关的充分必要条件是 $\boldsymbol{\alpha}_1$，$\boldsymbol{\alpha}_2$，$\boldsymbol{\alpha}_3$ 线性无关.

（2）设向量 $\boldsymbol{\beta}$ 可由向量组 $\boldsymbol{\alpha}_1$，$\boldsymbol{\alpha}_2$，$\boldsymbol{\alpha}_3$ 线性表示. 试证明：线性表示法唯一的充分必要条件是 $\boldsymbol{\alpha}_1$，$\boldsymbol{\alpha}_2$，$\boldsymbol{\alpha}_3$ 线性无关.

六、（研，2019）已知向量组（1）$\boldsymbol{\alpha}_1=\begin{pmatrix}1\\1\\4\end{pmatrix}$，$\boldsymbol{\alpha}_2=\begin{pmatrix}1\\0\\4\end{pmatrix}$，$\boldsymbol{\alpha}_3=\begin{pmatrix}1\\2\\a^2+3\end{pmatrix}$，

（2）$\boldsymbol{\beta}_1=\begin{pmatrix}1\\1\\a+3\end{pmatrix}$，$\boldsymbol{\beta}_2=\begin{pmatrix}0\\2\\1-a\end{pmatrix}$，$\boldsymbol{\beta}_3=\begin{pmatrix}1\\3\\a^2+3\end{pmatrix}$.

若向量组（1）与向量组（2）等价，求 a 的值，并将 $\boldsymbol{\beta}_3$ 用 $\boldsymbol{\alpha}_1$，$\boldsymbol{\alpha}_2$，$\boldsymbol{\alpha}_3$ 线性表示.

习题 4-3 向量组等价与极大无关组

一、填空题.

1. 已知向量组 $\boldsymbol{\alpha}_1=(1,2,-1,1)^{\mathrm{T}}$，$\boldsymbol{\alpha}_2=(2,0,t,0)^{\mathrm{T}}$，$\boldsymbol{\alpha}_3=(0,-4,5,-2)^{\mathrm{T}}$ 的秩为 2，则 $t=$__________.

2. 设 n 维向量组 $\boldsymbol{\alpha}_1$，$\boldsymbol{\alpha}_2$，$\boldsymbol{\alpha}_3$，$\boldsymbol{\alpha}_4$ 的秩为 4，则向量组 $\boldsymbol{\beta}_1=\boldsymbol{\alpha}_1+k_1\boldsymbol{\alpha}_2$，$\boldsymbol{\beta}_2=\boldsymbol{\alpha}_2+k_2\boldsymbol{\alpha}_3$，$\boldsymbol{\beta}_3=\boldsymbol{\alpha}_3+k_3\boldsymbol{\alpha}_4$ 的秩为__________.

3. 设 $\boldsymbol{\alpha}_1=(1,2,-3)^{\mathrm{T}}$，$\boldsymbol{\alpha}_2=(3,6,-9)^{\mathrm{T}}$，$\boldsymbol{\alpha}_3=(3,0,1)^{\mathrm{T}}$ 和 $\boldsymbol{\beta}_1=(0,1,-1)^{\mathrm{T}}$，$\boldsymbol{\beta}_2=(a,2,1)^{\mathrm{T}}$，$\boldsymbol{\beta}_3=(b,1,0)^{\mathrm{T}}$. 若 $r(\boldsymbol{\alpha}_1,\boldsymbol{\alpha}_2,\boldsymbol{\alpha}_3,\boldsymbol{\beta}_3)=r(\boldsymbol{\alpha}_1,\boldsymbol{\alpha}_2,\boldsymbol{\alpha}_3)=r(\boldsymbol{\beta}_1,\boldsymbol{\beta}_2,\boldsymbol{\beta}_3)$，则 $a=$________，$b=$________.

4. 若向量组 $\boldsymbol{\alpha}_1=(1,2,3,3)^{\mathrm{T}}$，$\boldsymbol{\alpha}_2=(0,1,2,2)^{\mathrm{T}}$，$\boldsymbol{\alpha}_3=(3,2,1,k)^{\mathrm{T}}$ 生成的向量空间的维数是 2，则 $k=$________.

5. 已知向量组（Ⅰ）$\boldsymbol{\alpha}_1=(1,2,-1)$，$\boldsymbol{\alpha}_2=(2,-3,1)$，$\boldsymbol{\alpha}_3=(4,1,-1)$，如果向量组（Ⅱ）与向量组（Ⅰ）等价，则向量组（Ⅱ）的秩为__________.

6. 矩阵 $\boldsymbol{A}$ 经过有限次初等行变换变成矩阵 $\boldsymbol{B}$，则矩阵 $\boldsymbol{A}$ 的行向量组与矩阵 $\boldsymbol{B}$ 的行向量组______________，而且矩阵 $\boldsymbol{A}$ 中任意 k 个列向量组与矩阵 $\boldsymbol{B}$ 中对应的 k 个列向量组____________.

7. 已知三维线性空间的一组基底为 $\boldsymbol{\alpha}_1=(1,1,0)$，$\boldsymbol{\alpha}_2=(1,0,1)$，$\boldsymbol{\alpha}_3=(0,1,1)$，则向量 $\boldsymbol{u}=(2,0,0)$ 在上述基底下的坐标是________________.

二、已知向量组（Ⅰ）$\boldsymbol{\alpha}_1$，$\boldsymbol{\alpha}_2$，$\boldsymbol{\alpha}_3$ 和向量组（Ⅱ）$\boldsymbol{\beta}_1$，$\boldsymbol{\beta}_2$，$\boldsymbol{\beta}_3$，且 $\begin{cases}\boldsymbol{\beta}_1=\boldsymbol{\alpha}_1-\boldsymbol{\alpha}_2+\boldsymbol{\alpha}_3\\ \boldsymbol{\beta}_2=\boldsymbol{\alpha}_1+\boldsymbol{\alpha}_2-\boldsymbol{\alpha}_3\\ \boldsymbol{\beta}_3=-\boldsymbol{\alpha}_1+\boldsymbol{\alpha}_2+\boldsymbol{\alpha}_3\end{cases}$. 试判断向量组（Ⅰ）和向量组（Ⅱ）是否等价.

三、设 $\boldsymbol{\alpha}_1=(1,-1,1)^{\mathrm{T}}$，$\boldsymbol{\alpha}_2=(3,1,7)^{\mathrm{T}}$，$\boldsymbol{\alpha}_3=(2,k,5)^{\mathrm{T}}$，$\boldsymbol{\alpha}_4=(k,1,3)^{\mathrm{T}}$，$R(\boldsymbol{\alpha}_1,\boldsymbol{\alpha}_2,\boldsymbol{\alpha}_3,\boldsymbol{\alpha}_4)=2$，求 k 的值.

四、求向量组 $\boldsymbol{\alpha}_1 = (2, 1, 5, 10)$，$\boldsymbol{\alpha}_2 = (1, -1, 2, 4)$，$\boldsymbol{\alpha}_3 = (0, 3, 1, 2)$，$\boldsymbol{\alpha}_4 = (1, 2, 3, 2)$，$\boldsymbol{\alpha}_5 = (-1, 1, -2, -8)$ 的秩和一个极大无关组.

五、设向量组 $\boldsymbol{\alpha}_1 = \begin{pmatrix} 1 \\ 2 \\ 3 \\ -1 \end{pmatrix}$，$\boldsymbol{\alpha}_2 = \begin{pmatrix} 3 \\ 2 \\ 1 \\ -1 \end{pmatrix}$，$\boldsymbol{\alpha}_3 = \begin{pmatrix} 2 \\ 3 \\ a \\ 1 \end{pmatrix}$，$\boldsymbol{\alpha}_4 = \begin{pmatrix} 2 \\ 2 \\ 2 \\ -1 \end{pmatrix}$，$\boldsymbol{\alpha}_5 = \begin{pmatrix} 5 \\ 5 \\ 2 \\ 0 \end{pmatrix}$.

（1）当 a 为何值时，该向量组的秩为 3?

（2）当 a 取上述值时，求出该向量组的一个极大线性无关组，并且将其他向量用该极大无关组线性表出.

六、已知向量组（Ⅰ）$\boldsymbol{\alpha}_1$，$\boldsymbol{\alpha}_2$，$\boldsymbol{\alpha}_3$；（Ⅱ）$\boldsymbol{\alpha}_1$，$\boldsymbol{\alpha}_2$，$\boldsymbol{\alpha}_3$，$\boldsymbol{\alpha}_4$；（Ⅲ）$\boldsymbol{\alpha}_1$，$\boldsymbol{\alpha}_2$，$\boldsymbol{\alpha}_3$，$\boldsymbol{\alpha}_5$；如果各向量组的秩分别为$R(\text{Ⅰ})=R(\text{Ⅱ})=3, R(\text{Ⅲ})=4$；证明$\boldsymbol{\alpha}_1$，$\boldsymbol{\alpha}_2$，$\boldsymbol{\alpha}_3$，$\boldsymbol{\alpha}_5-\boldsymbol{\alpha}_4$的秩为4.

七、设$\boldsymbol{\alpha}_1$，$\boldsymbol{\alpha}_2$，$\boldsymbol{\alpha}_3$是一向量空间的基，且$\boldsymbol{\beta}_1=\boldsymbol{\alpha}_1+\boldsymbol{\alpha}_2+\boldsymbol{\alpha}_3$，$\boldsymbol{\beta}_2=\boldsymbol{\alpha}_1+\boldsymbol{\alpha}_2+2\boldsymbol{\alpha}_3$，$\boldsymbol{\beta}_3=\boldsymbol{\alpha}_1+2\boldsymbol{\alpha}_2+3\boldsymbol{\alpha}_3$，证明：$\boldsymbol{\beta}_1$，$\boldsymbol{\beta}_2$，$\boldsymbol{\beta}_3$也是该向量空间的基.

习题 4-4 矩阵的秩

一、填空题.

1. 设 $\boldsymbol{A}$ 是 3×4 的矩阵，且 $R(\boldsymbol{A})=2$，$\boldsymbol{B}=\begin{pmatrix}1&0&1\\0&1&0\\2&0&-2\end{pmatrix}$，则 $R(\boldsymbol{AB})=$__________.

2. 设 $\boldsymbol{A}$ 是四阶方阵，且 $R(\boldsymbol{A})=2$，则其伴随矩阵 $\boldsymbol{A}^*$ 的秩为__________.

3. 设矩阵 $\boldsymbol{A}=\begin{pmatrix}k&1&1&1\\1&k&1&1\\1&1&k&1\\1&1&1&k\end{pmatrix}$ 且 $R(\boldsymbol{A})=3$，$k=$__________.

4. 设 $\boldsymbol{A}$ 是 3×4 的矩阵，且矩阵 $\boldsymbol{A}$ 的行秩为 $r(\boldsymbol{A})=3$，则矩阵 $\boldsymbol{A}$ 的列秩为 $c(\boldsymbol{A})=$ __________，矩阵 $\boldsymbol{A}$ 的秩 $R(\boldsymbol{A})=$__________.

5. 设矩阵 $\boldsymbol{A}$ 经过有限次初等变换变成矩阵 $\boldsymbol{B}$，则它们的秩有__________.

6. 若一个 $m\times n$ 阶矩阵 $\boldsymbol{A}$ 的秩是 r，则 $\boldsymbol{A}$ 中__________（存在或任何）一个 r 阶子式不等于 0，______（存在或任何）$r+1$ 阶子式都等于 0.

7.（研，2017）设矩阵 $\boldsymbol{A}=\begin{pmatrix}1&0&1\\1&1&2\\0&1&1\end{pmatrix}$，$\boldsymbol{\alpha}_1$，$\boldsymbol{\alpha}_2$，$\boldsymbol{\alpha}_3$ 为线性无关的三维列向量组，则向量组 $\boldsymbol{A\alpha}_1$，$\boldsymbol{A\alpha}_2$，$\boldsymbol{A\alpha}_3$ 的秩为__________.

题 7

二、设矩阵 $\boldsymbol{A}=\begin{pmatrix}1&-2&-1&0&2\\-2&4&2&6&-6\\2&-1&0&2&3\\3&3&3&3&4\end{pmatrix}$，试求：

（1）矩阵 $\boldsymbol{A}$ 的秩；

（2）矩阵 $\boldsymbol{A}$ 列向量组的一个极大线性无关组.

三、设矩阵 $\boldsymbol{A}=\begin{pmatrix} 3 & -7 & 6 & 1 & 5 \\ 1 & -2 & 4 & -1 & 3 \\ -1 & 1 & -10 & 5 & -7 \\ 4 & -11 & -2 & 8 & 0 \end{pmatrix}$，试求：

（1）矩阵 $\boldsymbol{A}$ 的秩；

（2）矩阵 $\boldsymbol{A}$ 行向量组的一个极大线性无关组.

四、$\boldsymbol{\alpha}_1$，$\boldsymbol{\alpha}_2$ 为 n 维向量组，若 $\boldsymbol{\beta}_1=\boldsymbol{\alpha}_1-\boldsymbol{\alpha}_2$，$\boldsymbol{\beta}_2=\boldsymbol{\alpha}_1+2\boldsymbol{\alpha}_2$，$\boldsymbol{\beta}_3=5\boldsymbol{\alpha}_1-2\boldsymbol{\alpha}_2$，证明向量组 $\boldsymbol{\beta}_1$，$\boldsymbol{\beta}_2$，$\boldsymbol{\beta}_3$ 线性相关.

五、设 $\boldsymbol{A}$ 是 $n \times m$ 矩阵，$\boldsymbol{B}$ 是 $m \times n$ 矩阵，其中 $n < m$，$\boldsymbol{E}$ 是 n 阶单位矩阵，若 $\boldsymbol{AB} = \boldsymbol{E}$，证明 $\boldsymbol{B}$ 的列向量组线性无关.

六、设 $\boldsymbol{A}$ 是 n 阶幂等阵，且 $\boldsymbol{A}^2 = \boldsymbol{A}$，证明 $R(\boldsymbol{A}) + R(\boldsymbol{E} - \boldsymbol{A}) = n$.

七、设 $\boldsymbol{A}$ 为 $m \times n$ 矩阵，$\boldsymbol{B}$ 为 $n \times m$ 矩阵，且 $m > n$，证明 $|\boldsymbol{AB}| = 0$.

自 测 题 四

一、填空题.

1. 两个非零向量线性相关，则它们一定是________________.

2. 单个非零向量一定是__________________ .

3. 向量组 $\boldsymbol{\alpha}_1 = (-1,\ 2,\ 7)^{\mathrm{T}}$，$\boldsymbol{\alpha}_2 = (2,\ 1,\ 1)^{\mathrm{T}}$，$\boldsymbol{\alpha}_3 = (1,\ 2,\ t)^{\mathrm{T}}$，若向量组 $\boldsymbol{\alpha}_1$，$\boldsymbol{\alpha}_2$，$\boldsymbol{\alpha}_3$ 线性相关，那么 $t =$ __________________.

4. 若 $\boldsymbol{A} = \begin{pmatrix} 1 & 0 & 1 \\ 2 & 2 & 3 \\ 1 & 3 & t \end{pmatrix}$，且 $R(\boldsymbol{A}) = 3$，则 $t \neq$ ____________________.

题 6

5. 若一个向量组只有唯一的极大线性无关组，则该向量组__________ .（线性无关或线性相关）

题 7　　题 8

6. 设 n 阶方阵 $\boldsymbol{A}$，且 $r(\boldsymbol{A}) = n$，则 $r(\boldsymbol{A}^*) =$ __________ .

7. 设 n 阶方阵 $\boldsymbol{A}$，且 $r(\boldsymbol{A}) = n - 1$，则 $r(\boldsymbol{A}^*) =$ __________ .

8. 设 n 阶方阵 $\boldsymbol{A}$，且 $r(\boldsymbol{A}) < n - 1$，则 $r(\boldsymbol{A}^*) =$ __________ .

9. 设 $\boldsymbol{\alpha}_1 = (1,\ 2,\ -3)^{\mathrm{T}}$，$\boldsymbol{\alpha}_2 = (3,\ 6,\ -9)^{\mathrm{T}}$，$\boldsymbol{\alpha}_3 = (3,\ 0,\ 1)^{\mathrm{T}}$ 和 $\boldsymbol{\beta}_1 = (0,\ 1,\ -1)^{\mathrm{T}}$，$\boldsymbol{\beta}_2 = (a,\ 2,\ 1)^{\mathrm{T}}$，$\boldsymbol{\beta}_3 = (b,\ 1,\ 0)^{\mathrm{T}}$. 若 $r(\boldsymbol{\alpha}_1,\ \boldsymbol{\alpha}_2,\ \boldsymbol{\alpha}_3,\ \boldsymbol{\beta}_3) = r(\boldsymbol{\alpha}_1,\ \boldsymbol{\alpha}_2,\ \boldsymbol{\alpha}_3) = r(\boldsymbol{\beta}_1,\ \boldsymbol{\beta}_2,\ \boldsymbol{\beta}_3)$，则 $a =$ ______ ，$b =$ ______.

题 9

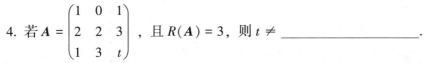

二、选择题.

1. 向量组 $\boldsymbol{\alpha}_1$, $\boldsymbol{\alpha}_2$, …, $\boldsymbol{\alpha}_s(s>2)$ 线性无关的充分必要条件是（　　）.

A. $\boldsymbol{\alpha}_1$, $\boldsymbol{\alpha}_2$, …, $\boldsymbol{\alpha}_s$ 均不为零向量

B. $\boldsymbol{\alpha}_1$, $\boldsymbol{\alpha}_2$, …, $\boldsymbol{\alpha}_s$ 中任意两个向量不成比例

C. $\boldsymbol{\alpha}_1$, $\boldsymbol{\alpha}_2$, …, $\boldsymbol{\alpha}_s$ 中任意 $s-1$ 个向量线性无关

D. $\boldsymbol{\alpha}_1$, $\boldsymbol{\alpha}_2$, …, $\boldsymbol{\alpha}_s$ 中任意一个向量均不能由其余的 $s-1$ 个向量线性表示

2. 设 $\boldsymbol{A}$ 是 n 阶矩阵，且 $|\boldsymbol{A}|=0$，则（　　）.

A. $\boldsymbol{A}$ 的列秩等于零

B. $\boldsymbol{A}$ 中必有两个列向量对应成比例

C. $\boldsymbol{A}$ 的任一列向量可由其他列向量线性表示

D. $\boldsymbol{A}$ 中必有一列向量可由其他列向量线性表示

3. 设 $\boldsymbol{\alpha}_1=\begin{pmatrix}a_1\\a_2\\a_3\end{pmatrix}$，$\boldsymbol{\alpha}_2=\begin{pmatrix}b_1\\b_2\\b_3\end{pmatrix}$，$\boldsymbol{\alpha}_3=\begin{pmatrix}c_1\\c_2\\c_3\end{pmatrix}$，则三条直线 $a_ix+b_iy+c_i=0$（其中 $a_i^2+b_i^2\neq 0$，$i=1,2,3$）交于一点的充要条件是（　　）.

A. $\boldsymbol{\alpha}_1$, $\boldsymbol{\alpha}_2$, $\boldsymbol{\alpha}_3$ 线性相关

B. $\boldsymbol{\alpha}_1$, $\boldsymbol{\alpha}_2$, $\boldsymbol{\alpha}_3$ 线性无关

C. 秩 $r(\boldsymbol{\alpha}_1, \boldsymbol{\alpha}_2, \boldsymbol{\alpha}_3)=$ 秩 $r(\boldsymbol{\alpha}_1, \boldsymbol{\alpha}_2)$

D. $\boldsymbol{\alpha}_1$, $\boldsymbol{\alpha}_2$, $\boldsymbol{\alpha}_3$ 线性相关，$\boldsymbol{\alpha}_1$, $\boldsymbol{\alpha}_2$ 线性无关

4. 设 $\boldsymbol{A}$ 是五阶方阵，且 $\boldsymbol{A}$ 的秩为 3，则 $\boldsymbol{A}$ 的伴随矩阵的秩为（　　）.

A. 0　　B. 1　　C. 2　　D. 3

5. 设 $\boldsymbol{\alpha}=(a_1, a_2, \cdots, a_n)$，$\boldsymbol{\beta}=(b_1, b_2, \cdots, b_n)$ 均为非零向量，$\boldsymbol{A}=\boldsymbol{\alpha}^{\mathrm{T}}\boldsymbol{\beta}=\begin{pmatrix}a_1b_1 & a_1b_2 & \cdots & a_1b_n\\ a_2b_1 & a_2b_2 & \cdots & a_2b_n\\ \vdots & \vdots & & \vdots\\ a_nb_1 & a_nb_2 & \cdots & a_nb_n\end{pmatrix}$，则 $R(\boldsymbol{A})$ 为（　　）.

A. 0　　B. 1　　C. 2　　D. n

6. 设向量组 $\boldsymbol{\alpha}_1=(\lambda, 1, 1)$，$\boldsymbol{\alpha}_2=(1, \lambda, 1)$，$\boldsymbol{\alpha}_3=(1, 1, \lambda)$ 线性相关，则必有（　　）.

A. $\lambda=0$ 或者 $\lambda=1$　　B. $\lambda=-1$ 或者 $\lambda=2$

C. $\lambda=1$ 或者 $\lambda=2$　　D. $\lambda=1$ 或者 $\lambda=-2$

三、设 $\boldsymbol{\alpha}_1=(1, -1, 1, -1)$，$\boldsymbol{\alpha}_2=(1, 1, 1, 1)$，$\boldsymbol{\alpha}_3=(1, 2, 4, 8)$，$\boldsymbol{\alpha}_4=(1, 3, 9, 27)$，试讨论向量组 $\boldsymbol{\alpha}_1$, $\boldsymbol{\alpha}_2$, $\boldsymbol{\alpha}_3$, $\boldsymbol{\alpha}_4$ 的线性相关性.

四、已知向量 $\boldsymbol{\alpha}_1=\begin{pmatrix}3\\1\\3\\-1\end{pmatrix}$，$\boldsymbol{\alpha}_2=\begin{pmatrix}1\\1\\1\\3\end{pmatrix}$，$\boldsymbol{\alpha}_3=\begin{pmatrix}7\\4\\7\\6\end{pmatrix}$，$\boldsymbol{\alpha}_4=\begin{pmatrix}3\\-1\\3\\-11\end{pmatrix}$，求向量组 $\boldsymbol{\alpha}_1$，$\boldsymbol{\alpha}_2$，$\boldsymbol{\alpha}_3$，$\boldsymbol{\alpha}_4$ 的一个极大无关组和向量组的秩，并用此极大无关组将其余向量线性表出.

五、确定常数 a，使向量组 $\boldsymbol{\alpha}_1=(1,\ 1,\ a)^{\mathrm{T}}$，$\boldsymbol{\alpha}_2=(1,\ a,\ 1)^{\mathrm{T}}$，$\boldsymbol{\alpha}_3=(a,\ 1,\ 1)^{\mathrm{T}}$ 可由向量组 $\boldsymbol{\beta}_1=(1,\ 1,\ a)^{\mathrm{T}}$，$\boldsymbol{\beta}_2=(-2,\ a,\ 4)^{\mathrm{T}}$，$\boldsymbol{\beta}_3=(-2,\ a,\ a)^{\mathrm{T}}$ 线性表示，但向量组 $\boldsymbol{\beta}_1$，$\boldsymbol{\beta}_2$，$\boldsymbol{\beta}_3$ 不能由向量组 $\boldsymbol{\alpha}_1$，$\boldsymbol{\alpha}_2$，$\boldsymbol{\alpha}_3$ 线性表示.

六、设$\boldsymbol{A}=(\boldsymbol{\alpha}_1, \boldsymbol{\alpha}_2, \boldsymbol{\alpha}_3)=\begin{pmatrix} 2 & 2 & -1 \\ 2 & -1 & 2 \\ -1 & 2 & 2 \end{pmatrix}$，$\boldsymbol{B}=(\boldsymbol{\beta}_1, \boldsymbol{\beta}_2)=\begin{pmatrix} 1 & 4 \\ 0 & 3 \\ -4 & 2 \end{pmatrix}$. 判断：$\boldsymbol{\alpha}_1$，$\boldsymbol{\alpha}_2$，$\boldsymbol{\alpha}_3$是否为$R^3$的一个基，并判断$\boldsymbol{\beta}_1$，$\boldsymbol{\beta}_2$能否用$\boldsymbol{\alpha}_1$，$\boldsymbol{\alpha}_2$，$\boldsymbol{\alpha}_3$线性表示，若能表示. 写出表达式；若不能表示，说明理由.

七、设$\boldsymbol{A}$为$m \times n$矩阵，$\boldsymbol{P}$，$\boldsymbol{Q}$分别为m阶、n阶初等矩阵，试证：(1)$R(\boldsymbol{PA})=R(\boldsymbol{A})$；(2)$R(\boldsymbol{AQ})=R(\boldsymbol{A})$.

八、设向量组$\boldsymbol{\alpha}_1$，$\boldsymbol{\alpha}_2$，…，$\boldsymbol{\alpha}_s$线性无关，而$\boldsymbol{\alpha}_1$，$\boldsymbol{\alpha}_2$，…，$\boldsymbol{\alpha}_s$，$\boldsymbol{\beta}$，$\boldsymbol{\gamma}$线性相关，证明：如果$\boldsymbol{\beta}$，$\boldsymbol{\gamma}$都不能由$\boldsymbol{\alpha}_1$，$\boldsymbol{\alpha}_2$，…，$\boldsymbol{\alpha}_s$线性表出，则向量组U：$\boldsymbol{\alpha}_1$，$\boldsymbol{\alpha}_2$，…，$\boldsymbol{\alpha}_s$，$\boldsymbol{\beta}$与向量组V：$\boldsymbol{\alpha}_1$，$\boldsymbol{\alpha}_2$，…，$\boldsymbol{\alpha}_s$，$\boldsymbol{\gamma}$等价.

第五章　线性方程组

思维导图

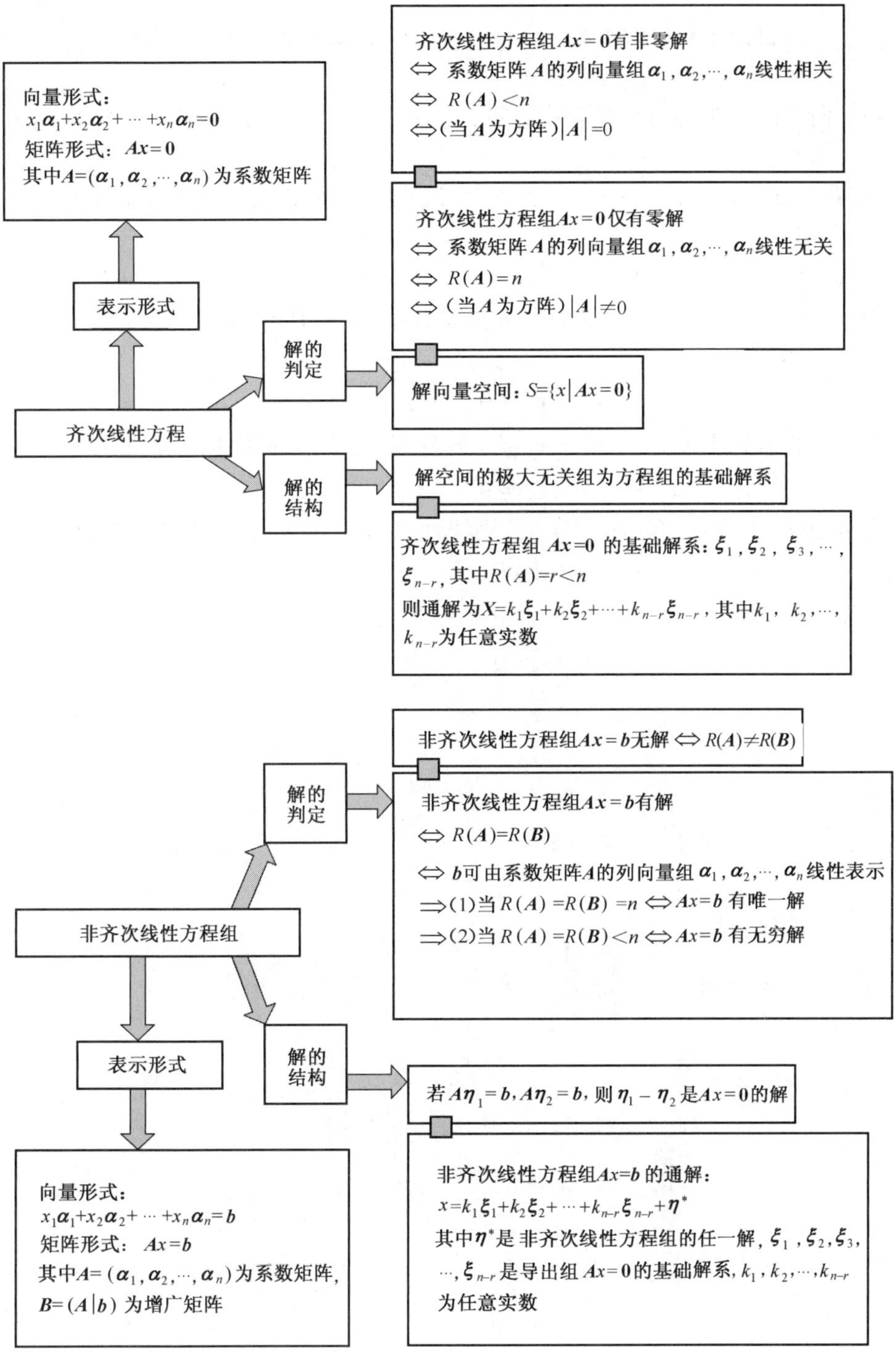

习题 5-1 齐次线性方程组的解空间与基础解系

一、填空题.

1. 如果四元线性方程组 $\boldsymbol{Ax}=\boldsymbol{0}$ 的同解方程组是 $\begin{cases}x_1=-3x_3\\x_2=0\end{cases}$，则有秩$(\boldsymbol{A})=$__________，自由未知量的个数为__________，$\boldsymbol{Ax}=\boldsymbol{0}$ 的基础解系有________个解向量.

2. 设 n 阶矩阵 $\boldsymbol{A}$ 的各行元素和均为零，且 $\boldsymbol{A}$ 的秩为 $n-1$，则线性方程组 $\boldsymbol{Ax}=\boldsymbol{0}$ 的通解为____________________.

3. 设 $\boldsymbol{\alpha}_1$，$\boldsymbol{\alpha}_2$ 是 $n(n\geqslant 3)$ 元齐次线性方程组 $\boldsymbol{Ax}=\boldsymbol{0}$ 的基础解系，则秩$(\boldsymbol{A})=$__________.

4. 设 $\boldsymbol{A}=\begin{pmatrix}1&2&-2\\4&a&3\\3&-1&1\end{pmatrix}$，$\boldsymbol{B}$ 为三阶非零矩阵，且 $\boldsymbol{AB}=\boldsymbol{O}$，则 $a=$____________.

5. 齐次线性方程组 $\begin{cases}\lambda x_1+x_2+x_3=0\\x_1+\lambda x_2+x_3=0\\x_1+x_2+\lambda x_3=0\end{cases}$ 只有零解，则 λ 应满足的条件是__________.

6. 设 $\boldsymbol{A}$ 为五阶方阵，且 $R(\boldsymbol{A})=3$，则线性空间 $W=\{x\,|\,\boldsymbol{Ax}=\boldsymbol{0}\}$ 的维数是________.

二、求齐次线性方程组 $\begin{cases}x_1+x_2+x_5=0\\x_1+x_2-x_3=0\\x_3+x_4+x_5=0\end{cases}$ 的一个基础解系和通解.

三、设$A=\begin{pmatrix}1&1&2\\2&2&4\\3&3&6\end{pmatrix}$，求一秩为 2 的三阶方阵 B，使 $AB=O$.

四、若 η_1，η_2，η_3 是某齐次线性方程组的一个基础解系，证明：$\eta_1+\eta_2$，$\eta_2+\eta_3$，$\eta_3+\eta_1$ 也是该方程组的一个基础解系.

五、已知矩阵 $\boldsymbol{A}=\begin{pmatrix} a_{11} & a_{12} & a_{13} \\ a_{21} & a_{22} & a_{23} \\ a_{31} & a_{32} & a_{33} \end{pmatrix}$ 可逆，证明线性方程组 $\begin{cases} a_{11}x_1+a_{12}x_2=a_{13} \\ a_{21}x_1+a_{22}x_2=a_{23} \\ a_{31}x_1+a_{32}x_2=a_{33} \end{cases}$ 无解.

六、(研，2003) 已知平面上三条不同直线的方程分别为：

$$l_1: ax+2by+3c=0$$
$$l_2: bx+2cy+3a=0$$
$$l_3: cx+2ay+3b=0$$

试证：三条直线交于一点的充分必要条件是 $a+b+c=0$.

习题 5-2　非齐次线性方程组解的结构

一、填空题.

1. 设 $\boldsymbol{\eta}_1$，$\boldsymbol{\eta}_2$，…，$\boldsymbol{\eta}_s$ 是非齐次线性方程组 $\boldsymbol{A}\boldsymbol{x}=\boldsymbol{b}$ 的一组解向量，如果 $c_1\boldsymbol{\eta}_1+c_2\boldsymbol{\eta}_2+\cdots+c_s\boldsymbol{\eta}_s$ 也是该方程组的一个解，则 $c_1+c_2+\cdots+c_s=$ ________.

2. 设 $\boldsymbol{A}$ 是 n 阶方阵，x_1，x_2 均为方程组 $\boldsymbol{A}\boldsymbol{x}=\boldsymbol{b}$ 的解，且 $x_1\neq x_2$，则 $|\boldsymbol{A}|=$ ________.

题 2

3. 设三元非齐次方程组 $\boldsymbol{A}\boldsymbol{x}=\boldsymbol{b}$ 有两个线性无关的解 $\boldsymbol{\xi}_1$ 和 $\boldsymbol{\xi}_2$，已知 $R(\boldsymbol{A})=2$，则 $\boldsymbol{A}\boldsymbol{x}=\boldsymbol{b}$ 的通解为 ________.

4. 设 $\boldsymbol{A}=\begin{pmatrix}1&1&1&1&1\\a_1&a_2&a_3&a_4&a_5\\a_1^2&a_2^2&a_3^2&a_4^2&a_5^2\\a_1^3&a_2^3&a_3^3&a_4^3&a_5^3\\a_1^4&a_2^4&a_3^4&a_4^4&a_5^4\end{pmatrix}$，$\boldsymbol{x}=\begin{pmatrix}x_1\\x_2\\x_3\\x_4\\x_5\end{pmatrix}$，$\boldsymbol{b}=\begin{pmatrix}1\\1\\1\\1\\1\end{pmatrix}$，其中 $a_i\neq a_j(i\neq j;\ i,\ j=1,2,\cdots,5)$，则线性方程组 $\boldsymbol{A}^{\mathrm{T}}\boldsymbol{x}=\boldsymbol{b}$ 的解是 $\boldsymbol{x}=$ ________.

题 4

5. 若线性方程组 $\begin{cases}x_1-x_2=a_1\\x_2-x_3=a_2\\x_3-x_4=a_3\\x_4-x_1=a_4\end{cases}$ 有解，则常数 a_1，a_2，a_3，a_4 应满足条件________.

6.（研，2019）已知矩阵 $\boldsymbol{A}=\begin{pmatrix}1&0&-1\\1&1&-1\\0&1&a^2-1\end{pmatrix}$，$\boldsymbol{b}=\begin{pmatrix}0\\1\\a\end{pmatrix}$，若线性方程组 $\boldsymbol{A}\boldsymbol{x}=\boldsymbol{b}$ 有无穷多解，则 $a=$ ________.

题 6

二、求非齐次线性方程组 $\begin{cases}2x_1-x_2+3x_3-x_4=1\\3x_1-2x_2-2x_3+3x_4=3\\x_1-x_2-5x_3+4x_4=2\\7x_1-5x_2-9x_3+10x_4=8\end{cases}$ 的通解.

三、已知非齐次线性方程组$\begin{cases} x_1+x_2-2x_3+3x_4=0 \\ 2x_1+x_2-6x_3+4x_4=-1 \\ 3x_1+2x_2+px_3+7x_4=-1 \\ x_1-x_2-6x_3-x_4=t \end{cases}$，试讨论$p$，$t$取何值时，方程组无解？有解？有解时求解.

四、（研，2002）已知四阶方阵$\boldsymbol{A}=(\boldsymbol{\alpha}_1, \boldsymbol{\alpha}_2, \boldsymbol{\alpha}_3, \boldsymbol{\alpha}_4)$，$\boldsymbol{\alpha}_1$，$\boldsymbol{\alpha}_2$，$\boldsymbol{\alpha}_3$，$\boldsymbol{\alpha}_4$均为四维列向量，其中$\boldsymbol{\alpha}_2$，$\boldsymbol{\alpha}_3$，$\boldsymbol{\alpha}_4$线性无关，$\boldsymbol{\alpha}_1=2\boldsymbol{\alpha}_2-\boldsymbol{\alpha}_3$. 若$\boldsymbol{\beta}=\boldsymbol{\alpha}_1+\boldsymbol{\alpha}_2+\boldsymbol{\alpha}_3+\boldsymbol{\alpha}_4$，求线性方程组$\boldsymbol{A}\boldsymbol{x}=\boldsymbol{\beta}$的通解.

五、设 $\boldsymbol{\eta}_0$ 是非齐次线性方程组 $\boldsymbol{Ax}=\boldsymbol{b}$ 的一个特解，$\boldsymbol{\xi}_1$，$\boldsymbol{\xi}_2$ 是其导出组 $\boldsymbol{Ax}=\boldsymbol{0}$ 的一个基础解系. 试证明：

(1) $\boldsymbol{\eta}_1=\boldsymbol{\eta}_0+\boldsymbol{\xi}_1$，$\boldsymbol{\eta}_2=\boldsymbol{\eta}_0+\boldsymbol{\xi}_2$ 均是 $\boldsymbol{Ax}=\boldsymbol{b}$ 的解；

(2) $\boldsymbol{\eta}_0$，$\boldsymbol{\eta}_1$，$\boldsymbol{\eta}_2$ 线性无关.

六、（研，2006）已知非齐次线性方程组 $\begin{cases}x_1+x_2+x_3+x_4=-1\\4x_1+3x_2+5x_3-x_4=-1\\ax_1+x_2+3x_3-bx_4=1\end{cases}$ 有三个线性无关的解.

(1) 证明方程组的系数矩阵 $\boldsymbol{A}$ 的秩 $r(\boldsymbol{A})$ 为 2；

(2) 求 a，b 的值及方程组的通解.

七、（研，2010）设 $A=\begin{pmatrix}\lambda & 1 & 1\\ 0 & \lambda-1 & 0\\ 1 & 1 & \lambda\end{pmatrix}$，$b=\begin{pmatrix}a\\1\\1\end{pmatrix}$. 已知线性方程组 $Ax=b$ 存在两个不同的解，求：

（1）λ，a；

（2）方程组 $Ax=b$ 的通解.

自 测 题 五

一、填空题.

1. 设 n 元齐次线性方程组为 $x_1+2x_2+\cdots+nx_n=0$，则它的基础解系中含向量的个数为__________.

2. 设 A 为 n 阶矩阵，$R(A)=n-3$，且 α_1，α_2，α_3 是 $Ax=0$ 的三个线性无关的解向量，则 $Ax=0$ 的一个基础解系为________________.

3. 设 A 是 $m\times n$ 矩阵，秩 $(A)=r$，则齐次线性方程组 $Ax=0$ 有非零解的充分必要条件是__________.

4. 已知方程组 $\begin{pmatrix}a & 1 & 1\\ 1 & a & 1\\ 1 & 1 & a\end{pmatrix}\begin{pmatrix}x_1\\x_2\\x_3\end{pmatrix}=\begin{pmatrix}1\\1\\-2\end{pmatrix}$ 有无穷多个解，则 $a=$________.

5. 若向量 $\beta=(0,\ k,\ k^2)$ 能由向量 $\alpha_1=(1+k,\ 1,\ 1)$，$\alpha_2=(1,\ 1+k,\ 1)$，$\alpha_3=(1,\ 1,\ 1+k)$ 唯一线性表出，则 k 应满足____________________.

二、选择题.

1. 设 A 为 n 阶方阵，且秩 $(A)=n-1$，α_1，α_2 是 $Ax=b$ 的两个不同的解，则 $Ax=0$ 的通解为（　　）.

A. $k\alpha_1$　　B. $k\alpha_2$　　C. $k(\alpha_1-\alpha_2)$　　D. $k(\alpha_1+\alpha_2)$

2. 设 $A=(a_{ij})_{n\times n}$，且 $|A|=0$，但 A 中某元素 a_{kl} 的代数余子式 $A_{kl}\neq 0$，则 $Ax=0$ 的基础解系中解向量的个数是（　　）.

A. 1　　B. k　　C. l　　D. n

3. 设 A，B 为满足 $AB=O$ 的任意两个非零矩阵，则必有（　　）.

A. $\boldsymbol{A}$ 的列向量组线性相关，$\boldsymbol{B}$ 的行向量组线性相关

B. $\boldsymbol{A}$ 的列向量组线性相关，$\boldsymbol{B}$ 的列向量组线性相关

C. $\boldsymbol{A}$ 的行向量组线性相关，$\boldsymbol{B}$ 的行向量组线性相关

D. $\boldsymbol{A}$ 的行向量组线性相关，$\boldsymbol{B}$ 的列向量组线性相关

4. 设 $\boldsymbol{A}$ 是 $m \times n$ 矩阵，$\boldsymbol{B}$ 是 $m \times n$ 矩阵，则线性方程组 $(\boldsymbol{AB})\boldsymbol{x} = \boldsymbol{0}$（　　）.

A. 当 $n > m$ 时仅有零解　　B. 当 $n > m$ 时必有非零解

C. 当 $m > n$ 时仅有零解　　D. 当 $m > n$ 时必有非零解

5. 设 $\boldsymbol{A}$ 为 $m \times n$ 矩阵，且 $m < n$，若 $\boldsymbol{A}$ 的行向量组线性无关，$\boldsymbol{b}$ 为 m 维非零列向量，则（　　）.

A. $\boldsymbol{Ax} = \boldsymbol{b}$ 有无穷多解　　B. $\boldsymbol{Ax} = \boldsymbol{b}$ 仅有唯一解

C. $\boldsymbol{Ax} = \boldsymbol{b}$ 无解　　D. $\boldsymbol{Ax} = \boldsymbol{b}$ 仅有零解

6. 设 $\boldsymbol{A}$ 是 4×5 矩阵，且 $\boldsymbol{A}$ 的行向量组线性无关，则（　　）.

A. $\boldsymbol{A}$ 的列向量组线性无关

B. $\boldsymbol{A}$ 的任意 4 个列向量构成的向量组线性无关

C. 方程组 $\boldsymbol{Ax} = \boldsymbol{b}$ 的增广矩阵的行向量组线性无关

D. 方程组 $\boldsymbol{Ax} = \boldsymbol{b}$ 的增广矩阵的任意 4 个列向量构成的向量组线性无关

三、求齐次线性方程组 $\begin{cases} x_1 - 2x_2 - x_3 + 2x_4 - 3x_5 = 0 \\ x_1 - 2x_2 - 2x_3 + x_4 - 2x_5 = 0 \\ 2x_1 - 4x_2 - 7x_3 - x_4 - x_5 = 0 \end{cases}$ 的通解.

四、求非齐次线性方程组 $\begin{cases} x_1 - 2x_2 + x_3 + x_4 = 1 \\ x_1 - 2x_2 + x_3 - x_4 = -1 \\ x_1 - 2x_2 + x_3 + 5x_4 = 5 \end{cases}$ 的通解.

五、(研，2007) 设线性方程组 ① $\begin{cases} x_1 + x_2 + x_3 = 0 \\ x_1 + 2x_2 + ax_3 = 0 \\ x_1 + 4x_2 + a^2x_3 = 0 \end{cases}$

与方程② $x_1 + 2x_2 + x_3 = a - 1$ 有公共解，求 a 的值及所有公共解.

六、设 $\boldsymbol{R}(\boldsymbol{A})=2$，而 $\boldsymbol{\alpha}_1$，$\boldsymbol{\alpha}_2$，$\boldsymbol{\alpha}_3$ 是三元非齐次线性方程组 $\boldsymbol{Ax}=\boldsymbol{b}$ 的三个解，且又知 $\boldsymbol{\alpha}_1+\boldsymbol{\alpha}_2=(2,-2,2)^{\mathrm{T}}$，$2\boldsymbol{\alpha}_2+\boldsymbol{\alpha}_3=(1,0,-2)^{\mathrm{T}}$，求线性方程组 $\boldsymbol{Ax}=\boldsymbol{b}$ 的通解.

七、三元非齐次线性方程组 $\boldsymbol{Ax}=\boldsymbol{b}$ 的系数矩阵 $\boldsymbol{A}$ 的秩 $\boldsymbol{R}(\boldsymbol{A})=2$，且 $\boldsymbol{\alpha}_1=(4,1,-2)^{\mathrm{T}}$，$\boldsymbol{\alpha}_2=(2,2,-1)^{\mathrm{T}}$，$\boldsymbol{\alpha}_3=(0,3,a)^{\mathrm{T}}$ 均为 $\boldsymbol{Ax}=\boldsymbol{b}$ 的解向量，求 a 的值.

第六章　特征值与特征向量

思维导图

特征值 特征向量

- 定义：n阶方阵$A=(a_{ij})_{n\times n}$，$Ax=\lambda x$，则λ为特征值，非零解向量 x 为相应的特征向量
  - 特征方程：$|\lambda E-A|=0$
  - 特征矩阵：$\lambda E-A$
  - 特征多项式：$|\lambda E-A|$
- 求法：先求特征方程的根，即特征值；再求相应的特征向量，即相应的齐次线性方程组的非零解向量
- 性质：
  (1)假设λ是方阵 A 的特征值，则λ^k是A^k的特征值；$\frac{|A|}{\lambda}$ 是A^*的特征值；$\lambda^{-1}(\lambda\neq 0)$是$A^{-1}$的特征值
  (2)n 阶方阵A的特征值为$\lambda_1,\lambda_2,\cdots,\lambda_n$，则$\lambda_1+\lambda_2+\cdots+\lambda_n=a_{11}+a_{22}+\cdots+a_{nn}$是$A$的迹，$\lambda_1\lambda_2\cdots\lambda_n=|A|$

相似矩阵

- 定义：n阶方阵A，B，存在可逆矩阵P，使得 $P^{-1}AP=B\Rightarrow A\sim B$
- 性质：
  (1) $A\sim B\Rightarrow A\cong B$
  (2) $A\sim B\Rightarrow A^k\sim B^k(k=1，2，3，\cdots)$
  (3) 假设有多项式 $f(x)=a_mx^m+a_{m-1}x^{m-1}+\cdots+a_1x+a_0$，则$A\sim B\Rightarrow f(A)\sim f(B)$
  (4)相似矩阵有相同的特征多项式、特征值、迹和行列式

相似对角化

- n阶矩阵A与对角矩阵Λ相似
  $\Leftrightarrow$ A有n个线性无关的特征向量
  $\Leftrightarrow$ $R(\lambda_iE-A)=n-n_i$，其中λ_i是n_i重特征根
  $\Leftarrow$ A有n个不同的特征值

正交矩阵

- 正交向量组$\{\alpha_1,\alpha_2,\cdots,\alpha_m\}$
  $\Leftrightarrow$ 非零向量 $\alpha_1,\alpha_2,\cdots,\alpha_m$ 两两正交
  $\Rightarrow\alpha_1,\alpha_2,\cdots,\alpha_m$ 线性无关
  - n维向量空间$V(V\subset\mathbb{R}^n)$的正交规范基
    $e_1,e_2,\cdots,e_r\Leftrightarrow[e_i,e_j]=\begin{cases}0, & i\neq j\\ 1, & i=j\end{cases}$
- 定义：n阶实方阵A，$AA^{\mathrm{T}}=E\Leftrightarrow A$正交
  $\Leftrightarrow A$的n个行（列）向量组是正交规范基
  - 性质：(1) $A^{\mathrm{T}}=A^{-1}$
    (2) $|A|=\pm1$

正交对角化

- n 阶实对称矩阵 A
  $\Rightarrow$不同特征值的特征向量必正交
  $\Rightarrow$一定与对角矩阵Λ相似
  $\Rightarrow$必有正交矩阵P，使得 $P^{-1}AP=P^{\mathrm{T}}AP=\Lambda$

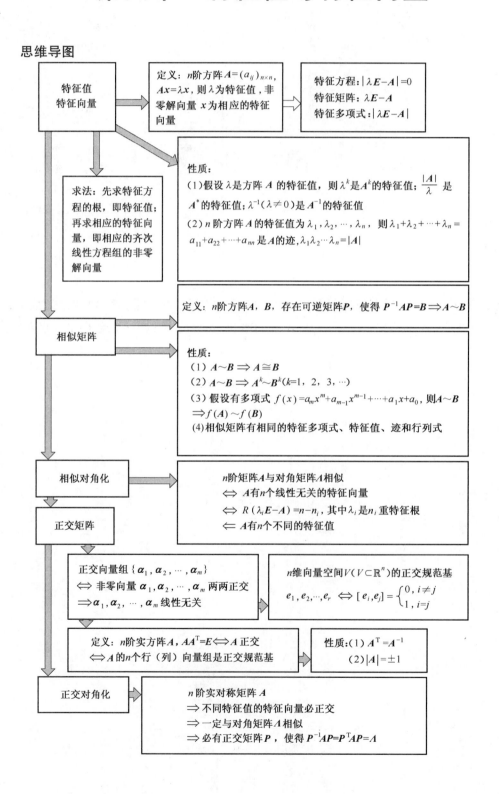

习题 6-1　矩阵的特征值与特征向量

一、填空题.

1. 设 n 阶方阵 $\boldsymbol{A}$ 的特征值为 λ_1, λ_2, $\cdots$, λ_n. 则 $k\boldsymbol{A}$ 的特征值为________, $\boldsymbol{A}^k$ 的特征值为________, $\boldsymbol{A}$ 可逆时, $\boldsymbol{A}^{-1}$ 的特征值为________. (k 为常数)

2. 三阶方阵 $\boldsymbol{A}$ 的特征值为 2, 1, −5, 则行列式 $|2\boldsymbol{A}|=$________.

3. 设矩阵 $\boldsymbol{A}=\begin{pmatrix}1 & -1 & 1\\ 1 & 3 & -1\\ 1 & 1 & 1\end{pmatrix}$ 的三个特征值分别为 λ_1, λ_2, λ_3, 则 $\lambda_1+\lambda_2+\lambda_3=$________.

4. 已知三阶矩阵 $\boldsymbol{A}$ 的特征值为 −1, 1, 2, 则矩阵 $\boldsymbol{B}=(3\boldsymbol{A}^*)^{-1}$ 的特征值为________(其中 $\boldsymbol{A}^*$ 为 $\boldsymbol{A}$ 的伴随矩阵).

题 4

5. 设 $\boldsymbol{A}$ 为 n 阶方阵, 已知矩阵 $\boldsymbol{E}-\boldsymbol{A}$ 不可逆, 那么矩阵 $\boldsymbol{A}$ 必有一个特征值为________.

题 5

6. 设 $\boldsymbol{A}$ 为 n 阶方阵, $\boldsymbol{Ax}=\boldsymbol{0}$ 有非零解, 则 $\boldsymbol{A}$ 必有一个特征值为________.

二、求矩阵 $\boldsymbol{A}=\begin{pmatrix}4 & -3 & -3\\ -2 & 3 & 1\\ 2 & 1 & 3\end{pmatrix}$ 的特征值和特征向量.

三、设矩阵 $A = \begin{pmatrix} 2 & 0 & 0 \\ 0 & 3 & 2 \\ 0 & 2 & 3 \end{pmatrix}$.

(1) 求 A 的特征值;

(2) 求 $E + 5A^{-1}$ 的特征值，其中 E 是三阶单位矩阵 .

四、设二阶方阵 A 满足: $A^2 = A$.

(1) 求 A 的特征值;

(2) 证明 $E + A$ 为可逆矩阵.

五、设向量 $\boldsymbol{\alpha}_1=(1,\ 2,\ 1)^{\mathrm{T}}$ 和 $\boldsymbol{\alpha}_2=(1,\ 1,\ 2)^{\mathrm{T}}$ 都是方阵 $\boldsymbol{A}$ 的属于特征值 $\lambda=2$ 的特征向量，又向量 $\boldsymbol{\beta}=\boldsymbol{\alpha}_1+2\boldsymbol{\alpha}_2$，求 $\boldsymbol{A}^2\boldsymbol{\beta}$.

六、设三阶矩阵 $\boldsymbol{A}$ 的特征值为 $\lambda_1=1$，$\lambda_2=2$，$\lambda_3=3$，所对应的特征向量依次为：$\boldsymbol{\alpha}_1=(1,\ 1,\ 1)^{\mathrm{T}}$，$\boldsymbol{\alpha}_2=(1,\ 2,\ 4)^{\mathrm{T}}$，$\boldsymbol{\alpha}_3=(1,\ 3,\ 9)^{\mathrm{T}}$.

（1）将向量 $\boldsymbol{\beta}=(1,\ 1,\ 3)^{\mathrm{T}}$ 用 $\boldsymbol{\alpha}_1$，$\boldsymbol{\alpha}_2$，$\boldsymbol{\alpha}_3$ 线性表示；

（2）求 $\boldsymbol{A}^n\boldsymbol{\beta}$（$n$ 为自然数）.

七、（研，2003）设矩阵 $\boldsymbol{A}=\begin{pmatrix}2&1&1\\1&2&1\\1&1&a\end{pmatrix}$ 可逆，向量 $\boldsymbol{\alpha}=\begin{pmatrix}1\\b\\1\end{pmatrix}$ 是矩阵 $\boldsymbol{A}^*$ 的一个特征向量，λ 是 $\boldsymbol{\alpha}$ 对应的特征值，其中 $\boldsymbol{A}^*$ 是矩阵 $\boldsymbol{A}$ 的伴随矩阵，试求 a，b 和 λ 的值.

习题 6-2　相似矩阵和矩阵的对角化

一、填空题.

1. 设 n 阶方阵 $\boldsymbol{A}$ 有 n 个特征值 0, 1, 2, …, $n-1$，且方阵 $\boldsymbol{B}$ 与 $\boldsymbol{A}$ 相似，则 $|\boldsymbol{B}+\boldsymbol{E}|=$____________.

2. 已知 n 阶方阵 $\boldsymbol{A}$ 与 $\boldsymbol{B}$ 相似，且 $\boldsymbol{B}^2=\boldsymbol{E}$. 则 $\boldsymbol{A}^2+\boldsymbol{B}^2=$____________.

题 2

3. 已知 $\boldsymbol{P}^{-1}\boldsymbol{A}\boldsymbol{P}=\begin{pmatrix}1&&\\&2&\\&&-1\end{pmatrix}$，其中 $\boldsymbol{P}=\begin{pmatrix}1&-1&1\\1&0&1\\0&1&2\end{pmatrix}$，则矩阵 $\boldsymbol{A}$ 的属于特征值 $\lambda=-1$ 的特征向量是____________.

题 3

4. 设 $\boldsymbol{A}=\begin{pmatrix}1&2&1\\-2&x&0\\0&0&2\end{pmatrix}$ 相似于对角阵 $\begin{pmatrix}-1&&\\&-1&\\&&2\end{pmatrix}$，则 $x=$____________.

5. 设 $\lambda = 2$ 是可逆矩阵 $\boldsymbol{A}$ 的一个特征值，则矩阵 $\left(\frac{1}{3}\boldsymbol{A}^2\right)^{-1}$ 有一个特征值等于______.

6. 设 $\boldsymbol{P}^{-1}\boldsymbol{A}\boldsymbol{P} = \begin{pmatrix} 3 & 0 & 0 \\ 0 & 2 & 0 \\ 0 & 0 & 4 \end{pmatrix}$，则 $\boldsymbol{P}^{-1}\boldsymbol{A}^n\boldsymbol{P} =$ ____________________.

二、设 $\boldsymbol{A} = \begin{pmatrix} 0 & 0 & 1 \\ 1 & 1 & a \\ 1 & 0 & 0 \end{pmatrix}$，问 a 为何值时，矩阵 $\boldsymbol{A}$ 能对角化？

三、设 $\boldsymbol{A} = \begin{pmatrix} 2 & -1 \\ -1 & 2 \end{pmatrix}$，求 $\boldsymbol{A}^n$.

四、设 $\boldsymbol{A}$ 为三阶矩阵，它的 3 个特征值为 $\lambda_1=1$，$\lambda_2=-1$，$\lambda_3=2$，设 $\boldsymbol{B}=\boldsymbol{A}^3-5\boldsymbol{A}^2$，求 $|\boldsymbol{B}|$ 和 $|\boldsymbol{A}-5\boldsymbol{E}|$．

五、设方阵 $\boldsymbol{A}$ 满足 $(\boldsymbol{A}+\boldsymbol{E})^2=\boldsymbol{E}$，且 $\boldsymbol{B}$ 与 $\boldsymbol{A}$ 相似，证明：$\boldsymbol{B}^2+2\boldsymbol{B}=\boldsymbol{0}$.

六、设矩阵 $\boldsymbol{A}$ 满足 $\boldsymbol{A}^2=\boldsymbol{E}$，且 $\boldsymbol{A}$ 的特征值全为 1，证明：$\boldsymbol{A}=\boldsymbol{E}$.

七、（研，2020）设 $\boldsymbol{A}$ 为二阶矩阵，$\boldsymbol{P}=(\boldsymbol{\alpha},\ \boldsymbol{A\alpha})$，其中 $\boldsymbol{\alpha}$ 是非零向量且不是 $\boldsymbol{A}$ 的特征向量.

（1）证明 $\boldsymbol{P}$ 为可逆矩阵；

（2）若 $\boldsymbol{A}^2\boldsymbol{\alpha}+\boldsymbol{A\alpha}-6\boldsymbol{\alpha}=\boldsymbol{0}$，求 $\boldsymbol{P}^{-1}\boldsymbol{AP}$，并判断 $\boldsymbol{A}$ 是否相似于对角矩阵.

习题 6-3　正交矩阵的概念与性质

一、填空题.

1. 设 $\boldsymbol{P}$ 为 n 阶正交矩阵，$\boldsymbol{\alpha}$，$\boldsymbol{\beta}$ 为 n 维列向量，$[\boldsymbol{\alpha}, \boldsymbol{\beta}] = -1$，则 $[\boldsymbol{P\alpha}, \boldsymbol{P\beta}] =$ ______.

2. 若 $\boldsymbol{A}$ 为正交矩阵，则其行列式为________________.

3. 设 $\boldsymbol{A}$ 为正交矩阵，且 $\boldsymbol{A}^{\mathrm{T}} = -\boldsymbol{A}^*$，其中 $\boldsymbol{A}^*$ 是 $\boldsymbol{A}$ 的伴随矩阵，则 $\boldsymbol{A}$ 的行列式为________________________.

4. 如果向量 $\boldsymbol{\alpha} = (1, -2, 2, -1)$ 与向量 $\boldsymbol{\beta} = (1, 1, k, 3)$ 正交，则常数 $k =$ ____.

5. 设矩阵 $\boldsymbol{A} = \begin{pmatrix} \frac{2}{3} & \frac{1}{\sqrt{2}} & \frac{1}{\sqrt{18}} \\ a & b & \frac{-4}{\sqrt{18}} \\ \frac{2}{3} & \frac{-1}{\sqrt{2}} & \frac{1}{\sqrt{18}} \end{pmatrix}$ 为正交矩阵，则 $a =$ __________，$b =$ __________.

二、试用施密特正交化方法将下列向量化为标准正交向量组：

$$\boldsymbol{\alpha}_1 = (1, -1, -1)^{\mathrm{T}}, \boldsymbol{\alpha}_2 = (2, -3, 1)^{\mathrm{T}}, \boldsymbol{\alpha}_3 = (1, 1, 3)^{\mathrm{T}}.$$

三、已知向量 $\boldsymbol{\alpha}_1 = (1,\ 1,\ 1)^{\mathrm{T}}$，$\boldsymbol{\alpha}_2 = (1,\ -2,\ 1)^{\mathrm{T}}$ 正交，求一个三维单位列向量 $\boldsymbol{\alpha}_3$，使得 $\boldsymbol{\alpha}_3$ 与 $\boldsymbol{\alpha}_1$，$\boldsymbol{\alpha}_2$ 都正交.

四、(1) 设 n 阶方阵 $\boldsymbol{A}$ 为正交矩阵，证明 $\boldsymbol{A}$ 的伴随矩阵 $\boldsymbol{A}^*$ 也是正交矩阵.

(2) 设 $\boldsymbol{A}$ 是 n 阶正交矩阵，且 $|\boldsymbol{A}| = -1$，证明：$\boldsymbol{A} + \boldsymbol{E}$ 不是满秩方阵.

五、已知A是n阶反对称矩阵，即$A^T=-A$，且$(E+A)$可逆，证明矩阵$(E-A)\cdot(E+A)^{-1}$是正交阵.

习题 6-4　实对称矩阵正交对角化

一、填空题.

1. 若A是实对称矩阵，则属于A的不同特征值的特征向量一定________________.

2. 若A是实对称矩阵，又是正交矩阵，则$A^2=$________________.

3. 设A为实对称矩阵，$\alpha_1=(-1,\ 1,\ 1)^T$，$\alpha_2=(3,\ -1,\ a)^T$分别是A的相异特征值λ_1与λ_2的特征向量，则$a=$________________.

二、设三阶实对称矩阵A的特征值为-1，1，1，特征值为-1对应的特征向量为$\xi_1=(0,\ 1,\ 1)^T$，求A.

三、设$\boldsymbol{A}=\begin{pmatrix}0 & 1 & -1\\ 1 & 0 & 1\\ -1 & 1 & 0\end{pmatrix}$，求一个正交阵$\boldsymbol{P}$，使$\boldsymbol{P}^{-1}\boldsymbol{AP}=\boldsymbol{\Lambda}$为对角阵.

四、已知三阶实对称矩阵$\boldsymbol{A}$的三个特征值为$\lambda_1=2$，$\lambda_2=\lambda_3=1$，且对应于λ_2，λ_3的特征向量为：$\boldsymbol{\alpha}_2=(1,\ 1,\ -1)^{\mathrm{T}}$，$\boldsymbol{\alpha}_3=(2,\ 3,\ -3)^{\mathrm{T}}$.

（1）求$\boldsymbol{A}$的与$\lambda_1=2$所对应的特征向量；

（2）求矩阵$\boldsymbol{A}$.

五、（研，2006）设三阶实对称矩阵 $\boldsymbol{A}$ 的各行元素之和都为 3，向量 $\boldsymbol{\alpha}_1 = (-1, 2, -1)^{\mathrm{T}}$，$\boldsymbol{\alpha}_2 = (0, -1, 1)^{\mathrm{T}}$ 都是齐次线性方程组 $\boldsymbol{Ax} = \boldsymbol{0}$ 的解.

（1）求 $\boldsymbol{A}$ 的所有特征值和特征向量；

（2）求作正交矩阵 $\boldsymbol{Q}$ 和对角矩阵 $\boldsymbol{\Lambda}$，使得 $\boldsymbol{Q}^{-1}\boldsymbol{AQ} = \boldsymbol{\Lambda}$.

自 测 题 六

一、选择题.

1. 设三阶矩阵 $\boldsymbol{A}$ 的特征值为 -1，3，4，则 $\boldsymbol{A}$ 的伴随矩阵 $\boldsymbol{A}^*$ 的特征值为（　　）.

A. 12，-4，-3　　B. -1，$\frac{1}{3}$，$\frac{1}{4}$

C. 2，5，6　　D. -1，6，9

2. 若方阵 $\boldsymbol{A}$ 与对角矩阵 $\boldsymbol{\Lambda} = \begin{pmatrix} -2 & 0 & 0 \\ 0 & -2 & 0 \\ 0 & 0 & -2 \end{pmatrix}$ 相似，则 $\boldsymbol{A}^3 =$（　　）.

A. $2\boldsymbol{E}$　　B. $4\boldsymbol{E}$　　C. $8\boldsymbol{E}$　　D. $-8\boldsymbol{E}$

3. 设 λ_1，λ_2 是矩阵 $\boldsymbol{A}$ 的两个不同的特征值，对应的特征向量分别为 $\boldsymbol{\alpha}_1$，$\boldsymbol{\alpha}_2$，则 $\boldsymbol{\alpha}_1$，$\boldsymbol{A}(\boldsymbol{\alpha}_1 + \boldsymbol{\alpha}_2)$ 线性无关的充分必要条件是（　　）.

A. $\lambda_1 \neq 0$　　B. $\lambda_2 \neq 0$　　C. $\lambda_1 = 0$　　D. $\lambda_2 = 0$

4. 设 $\boldsymbol{A}$ 是正交矩阵，则下列结论错误的是（　　）.

A. $\boldsymbol{A}^{-1} = \boldsymbol{A}^{\mathrm{T}}$　　B. $\boldsymbol{A}^{-1}$ 正交

C. $|\boldsymbol{A}|^2 = 1$　　D. $|\boldsymbol{A}|$ 一定为 1

5. $\boldsymbol{A}$ 为实对称矩阵，$\boldsymbol{Ax}_1 = \lambda_1\boldsymbol{x}_1$，$\boldsymbol{Ax}_2 = \lambda_2\boldsymbol{x}_2$，且 $\lambda_1 \neq \lambda_2$，则 $[\boldsymbol{x}_1, \boldsymbol{x}_2] =$（　　）.

A. 1　　B. -1　　C. 0　　D. 2

二、填空题.

1. 设 n 阶矩阵 $\boldsymbol{A}$ 有一个特征值 3，则 $|-3\boldsymbol{E}+\boldsymbol{A}|=$__________.

2. 设 0 是矩阵 $\boldsymbol{A}=\begin{pmatrix}1&0&1\\0&2&0\\1&0&a\end{pmatrix}$ 的特征值，则 $a=$__________.

3. 设 $\boldsymbol{A}=\begin{pmatrix}1&2&2\\2&1&2\\2&2&1\end{pmatrix}$ 相似于对角阵 $\begin{pmatrix}-1&&\\&5&\\&&\alpha\end{pmatrix}$，则 $\alpha=$__________.

4. 已知三阶矩阵的特征值为 1，-1，2，行列式 $|\boldsymbol{A}-5\boldsymbol{I}|=$__________.

5. 设 $\boldsymbol{A}=(\boldsymbol{\alpha}_1,\ \boldsymbol{\alpha}_2,\ \boldsymbol{\alpha}_3)$ 为正交阵，则 $2\boldsymbol{\alpha}_1^{\mathrm{T}}\boldsymbol{\alpha}_1-3\boldsymbol{\alpha}_2^{\mathrm{T}}\boldsymbol{\alpha}_3=$__________.

三、已知 $\boldsymbol{A}=\begin{pmatrix}2&-1&2\\5&a&3\\-1&b&-2\end{pmatrix}$ 的一个特征向量是 $\boldsymbol{\xi}=(1,\ 1,\ -1)^{\mathrm{T}}$.

(1) 确定 a，b 的值以及 $\boldsymbol{\xi}$ 的特征值；

(2) 求 $R(\boldsymbol{A})$.

四、设 $\boldsymbol{A}=\begin{pmatrix}2&0&0\\1&2&-1\\1&0&1\end{pmatrix}$，求 $\boldsymbol{A}^{20}$.

五、设三阶方阵 $\boldsymbol{A}$ 的三个特征值为 $\lambda_1=1$，$\lambda_2=0$，$\lambda_3=-1$，$\boldsymbol{A}$ 的属于 λ_1，λ_2，λ_3 的特征向量依次为 $\boldsymbol{\alpha}_1=\begin{pmatrix}2\\0\\0\end{pmatrix}$，$\boldsymbol{\alpha}_2=\begin{pmatrix}0\\1\\2\end{pmatrix}$，$\boldsymbol{\alpha}_3=\begin{pmatrix}0\\2\\5\end{pmatrix}$，求方阵 $\boldsymbol{A}$.

六、设矩阵 $\boldsymbol{A}=\begin{pmatrix}1 & -1 & 1\\ x & 4 & y\\ -3 & -3 & 5\end{pmatrix}$，已知 $\boldsymbol{A}$ 有三个线性无关的特征向量，$\lambda=2$ 是 $\boldsymbol{A}$ 的二重特征值，试求可逆矩阵 $\boldsymbol{P}$，使得 $\boldsymbol{P}^{-1}\boldsymbol{AP}$ 为对角矩阵.

七、设三阶方阵$\boldsymbol{A}=\begin{pmatrix}2 & 2 & -2\\ 2 & 5 & -4\\ -2 & -4 & 5\end{pmatrix}$，求正交矩阵$\boldsymbol{P}$，使$\boldsymbol{P}^{\mathrm{T}}\boldsymbol{A}\boldsymbol{P}$为对角矩阵.

八、已知$\boldsymbol{A}$，$\boldsymbol{B}$都是n阶正交矩阵，且$|\boldsymbol{A}|+|\boldsymbol{B}|=0$，证明：$|\boldsymbol{A}+\boldsymbol{B}|=0$.

第七章　二　次　型

思维导图

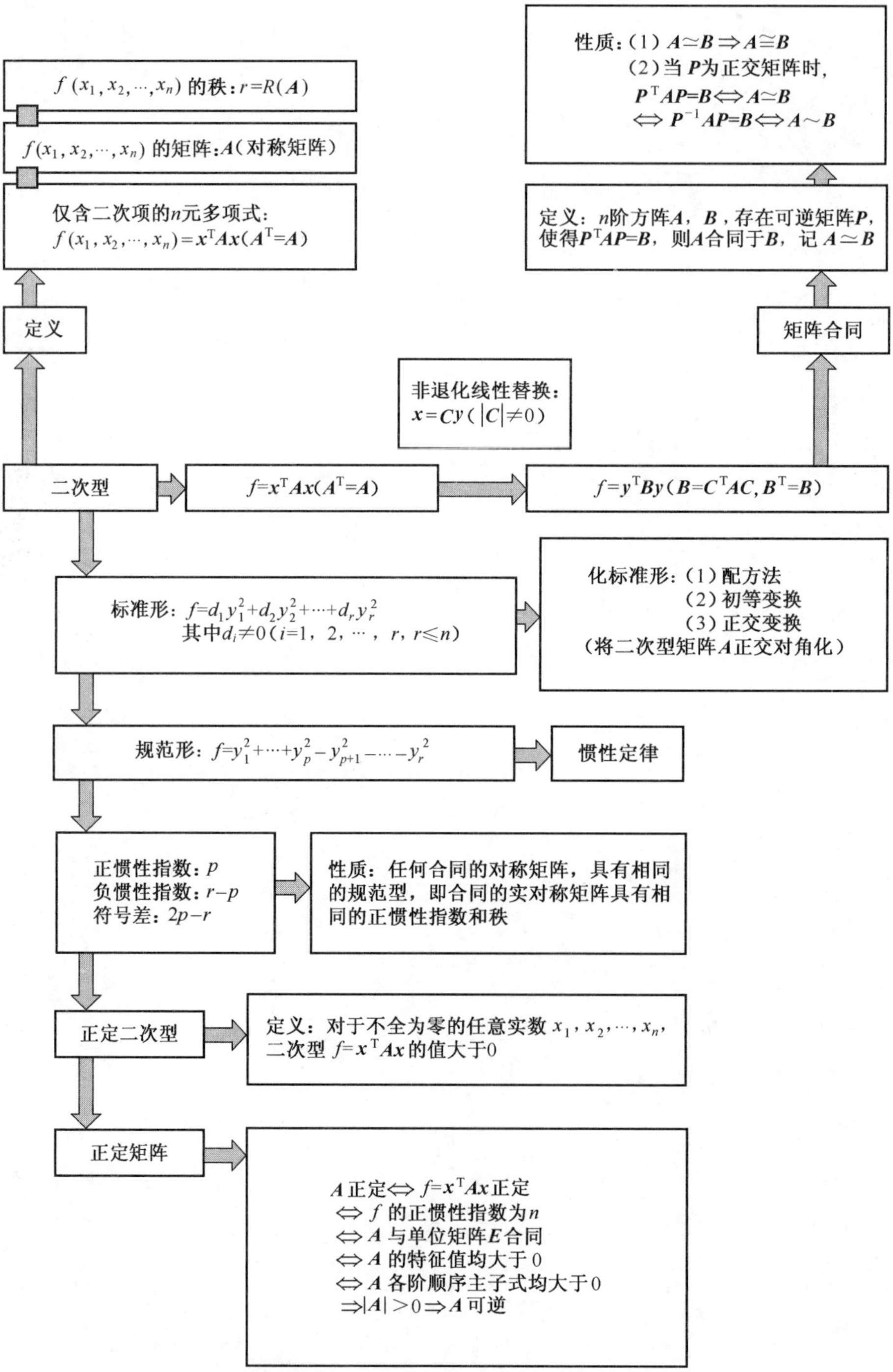

$f(x_1,x_2,\cdots,x_n)$ 的秩：$r=R(A)$
$f(x_1,x_2,\cdots,x_n)$ 的矩阵：A（对称矩阵）
仅含二次项的n元多项式：
$f(x_1,x_2,\cdots,x_n)=x^{T}Ax(A^{T}=A)$
定义
二次型
$f=x^{T}Ax(A^{T}=A)$
非退化线性替换：
$x=Cy(|C|\neq 0)$
$f=y^{T}By(B=C^{T}AC,B^{T}=B)$
矩阵合同
定义：n阶方阵A，B，存在可逆矩阵P，
使得$P^{T}AP=B$，则A合同于B，记$A\simeq B$
性质：（1）$A\simeq B\Rightarrow A\cong B$
（2）当P为正交矩阵时，
$P^{T}AP=B\Leftrightarrow A\simeq B$
$\Leftrightarrow P^{-1}AP=B\Leftrightarrow A\sim B$
标准形：$f=d_1y_1^2+d_2y_2^2+\cdots+d_ry_r^2$
其中$d_i\neq 0$（$i=1$，2，…，r，$r\leqslant n$）
化标准形：（1）配方法
（2）初等变换
（3）正交变换
（将二次型矩阵A正交对角化）
规范形：$f=y_1^2+\cdots+y_p^2-y_{p+1}^2-\cdots-y_r^2$
惯性定律
正惯性指数：p
负惯性指数：$r-p$
符号差：$2p-r$
性质：任何合同的对称矩阵，具有相同的规范型，即合同的实对称矩阵具有相同的正惯性指数和秩
正定二次型
定义：对于不全为零的任意实数$x_1,x_2,\cdots,x_n$，二次型$f=x^{T}Ax$的值大于0
正定矩阵
A正定$\Leftrightarrow f=x^{T}Ax$正定
$\Leftrightarrow f$的正惯性指数为n
$\Leftrightarrow A$与单位矩阵E合同
$\Leftrightarrow A$的特征值均大于0
$\Leftrightarrow A$各阶顺序主子式均大于0
$\Rightarrow|A|>0\Rightarrow A$可逆

习题 7-1　实二次型概念与标准形

一、填空题.

1. 二次型$f(x_1, x_2, x_3)=7x_2^2+x_3^2+4x_1x_2+2x_1x_3+4x_2x_3$的矩阵形式为$f(x_1, x_2, x_3)=$________________________.

2. 二次型$f(x_1, x_2, x_3)=-x_1^2+x_1x_2+2x_2^2-x_3^2$的矩阵为__________.

3. 设实对称矩阵$A=\begin{pmatrix}-1 & 1/2 & -1\\ 1/2 & 0 & 3\\ -1 & 3 & 2\end{pmatrix}$是二次型$f(x_1, x_2, x_3)$的矩阵，则二次型$f(x_1, x_2, x_3)=$______________________________.

二、已知二次型$f(x_1, x_2, x_3)=5x_1^2+5x_2^2+cx_3^2-2x_1x_2+6x_1x_3-6x_2x_3$的秩为2，求参数$c$.

习题 7-2　化实二次型为标准形

一、填空题.

1. 设二次型$f(x_1, x_2, x_3)=\boldsymbol{x}^{\mathrm{T}}\boldsymbol{A}\boldsymbol{x}$经正交变换化为标准形$y_1^2+5y_2^2$，则$\boldsymbol{A}$的最小的特征值是________.

2. 设三阶实对称矩阵$\boldsymbol{A}$的特征值为7，2，−3，则实二次型$f(x_1, x_2, x_3)=\boldsymbol{x}^{\mathrm{T}}\boldsymbol{A}\boldsymbol{x}$的

标准形为______________.

二、将二次型 $17x_1^2+14x_2^2+14x_3^2-4x_1x_2-4x_1x_3-8x_2x_3$ 通过正交变换化成标准形.

三、设二次型 $f(x_1, x_2, x_3)=x_1^2+x_2^2+x_3^2+2\alpha x_1x_2+2\beta x_2x_3+2x_1x_3$ 经正交变换 $\boldsymbol{x}=\boldsymbol{P}\boldsymbol{y}$ 化成 $f=y_2^2+2y_3^2$，其中 $\boldsymbol{x}=(x_1, x_2, x_3)^{\mathrm{T}}$ 和 $\boldsymbol{y}=(y_1, y_2, y_3)^{\mathrm{T}}$ 是三维列向量。$\boldsymbol{P}$ 是三阶正交矩阵，试求常数 α，β 的值及所用的正交变换矩阵 $\boldsymbol{P}$.

四、求二次型 $f(x_1, x_2, x_3)=-4x_1x_2+2x_1x_3+2x_2x_3$ 经可逆线性变换

$$\begin{cases}x_1=2y_1+2y_2+y_3\\x_2=2y_1-2y_2+y_3\\x_3=2y_3\end{cases}$$

所得的二次型的标准形式.

五、（研，2020）设二次型 $f(x_1, x_2)=x_1^2-4x_1x_2+4x_2^2$ 经正交变换 $\begin{pmatrix}x_1\\x_2\end{pmatrix}=\boldsymbol{Q}\begin{pmatrix}y_1\\y_2\end{pmatrix}$ 化为二次型 $g(y_1, y_2)=ay_1^2+4y_1y_2+by_2^2$，其中 $a\geqslant b$.

（1）求 a，b 的值；

（2）求正交矩阵 $\boldsymbol{Q}$.

习题 7-3　实二次型的正惯性指数

一、填空题.

1. 二次型 $f(x, y, z) = 2xy + 2xz - 4yz$ 的正惯性指数为______________.

2. 二次型 $f(x_1, x_2, x_3, x_4) = x_1^2 + 2x_2^2 + 3x_3^2 + 4x_4^2 + 2x_1x_3 + x_2x_4$ 的符号差为______________.

3. 实二次型 $f = 2y_1^2 - 2y_2^2 - \frac{1}{2}y_3^2$ 的规范型为______________.

4. 设实二次型 $f(x_1, x_2, x_3, x_4)$ 的秩为 4，正惯性指数为 3，则其规范型为______________.

二、(研，2009) 设二次型 $f(x_1, x_2, x_3) = ax_1^2 + ax_2^2 + (a-1)x_3^2 + 2x_1x_3 - 2x_2x_3$.

(1) 求二次型 f 的矩阵的所有特征值；

(2) 若二次型 f 的规范型为 $y_1^2 + y_2^2$，求 a 的值.

习题 7-4　正定二次型

一、填空题.

1. 设 $f(x_1, x_2, x_3) = 2x_1^2 + x_2^2 + x_3^2 + 2x_1x_2 + 2tx_2x_3$，则当 t 满足条件___________________时，该二次型是正定的.

2. 设三阶实对称矩阵 $\boldsymbol{A}$ 的特征值为−7，−2，−3，则实二次型 $f(x_1, x_2, x_3) = \boldsymbol{x}^{\mathrm{T}}\boldsymbol{A}\boldsymbol{x}$

的标准形是____________定的.

3. 二次型 $f = -5x^2 - 6y^2 - 4z^2 + 4xy + 4xz$ 的正定性为________________.

4. 设 $\boldsymbol{A}$ 是 n 阶正定矩阵，则方程组 $\boldsymbol{Ax} = \boldsymbol{0}$ 的解的集合为__________.

二、判断下列二次型的正定性.

(1) $f = x_1^2 + 2x_2^2 + 5x_3^2 + 2x_1x_2 - 4x_2x_3$;

(2) $f = 2x_1^2 + 5x_2^2 + 5x_3^2 + 4x_1x_2 - 4x_1x_3 - 8x_2x_3$.

三、设 $f = x_1^2 + 4x_2^2 + 4x_3^2 + 2ax_1x_2 - 2x_1x_3 + 4x_2x_3$.

(1) 确定 a 的取值范围，使 f 为正定二次型；

(2) 当 $a = 0$ 时，求 f 的正惯性指数 p 和负惯性指数 q.

四、证明如果 $\boldsymbol{A}$ 是正定矩阵，那么 $\boldsymbol{A}^{-1}$ 也是正定矩阵.

五、（研，2010）已知二次型 $f(x_1, x_2, x_3)=\boldsymbol{x}^{\mathrm{T}}\boldsymbol{A}\boldsymbol{x}$ 在正交变换 $\boldsymbol{x}=\boldsymbol{P}\boldsymbol{y}$ 下的标准形为 $y_1^2+y_2^2$，且 $\boldsymbol{P}$ 的第三列为 $\left(\frac{\sqrt{2}}{2}, 0, \frac{\sqrt{2}}{2}\right)^{\mathrm{T}}$.

（1）求矩阵 $\boldsymbol{A}$；

（2）证明 $\boldsymbol{A}+\boldsymbol{E}$ 为正定矩阵，其中 $\boldsymbol{E}$ 为三阶单位矩阵.

自 测 题 七

一、选择题.

1. 下列矩阵中，**不是**二次型矩阵的为（　　）.

A. $\begin{pmatrix} 0 & 0 & 0 \\ 0 & 0 & 0 \\ 0 & 0 & -1 \end{pmatrix}$　　B. $\begin{pmatrix} 1 & 0 & 0 \\ 0 & -1 & 0 \\ 0 & 0 & 2 \end{pmatrix}$

C. $\begin{pmatrix} 3 & 0 & -2 \\ 0 & 4 & 6 \\ -2 & 6 & 5 \end{pmatrix}$　　D. $\begin{pmatrix} 1 & 2 & 3 \\ 4 & 5 & 6 \\ 7 & 8 & 9 \end{pmatrix}$

2. 设矩阵 $\boldsymbol{A}$ 与 $\boldsymbol{B}$ 等价，则（　　）.

A. $\boldsymbol{A}$ 与 $\boldsymbol{B}$ 合同　　B. $\boldsymbol{A}$ 与 $\boldsymbol{B}$ 相似

C. $|\boldsymbol{A}| = |\boldsymbol{B}|$　　D. $r(\boldsymbol{A}) = r(\boldsymbol{B})$

3. 以下结论中不正确的是（　　）.

A. 若存在可逆实矩阵 $\boldsymbol{C}$，使 $\boldsymbol{A} = \boldsymbol{C}^{\mathrm{T}}\boldsymbol{C}$，则 $\boldsymbol{A}$ 是正定矩阵.

B. 二次型 $f(x_1, x_2, x_3) = x_1^2 + x_2^2$ 是正定二次型.

C. n 元实二次型正定的充分必要条件是 f 的正惯性指数为 n.

D. n 阶实对称矩阵 $\boldsymbol{A}$ 正定的充分必要条件是 $\boldsymbol{A}$ 的特征值全为正数.

4. 设二次型 $f(x_1, x_2, x_3) = x_1^2 + x_2^2 + x_3^2 + 4x_1x_2 + 2x_1x_3 + 2x_2x_3$，则（　　）.

A. f 为正定的　　B. f 为负定的

C. f 既不正定，也不负定　　D. f 的秩为 2

5.（研，2020）设 $\boldsymbol{A}$ 是三阶实对称矩阵，$\boldsymbol{E}$ 是三阶单位矩阵，若 $\boldsymbol{A}^2 + \boldsymbol{A} = 2\boldsymbol{E}$，且 $|\boldsymbol{A}| = 4$，则二次型 $\boldsymbol{x}^{\mathrm{T}}\boldsymbol{A}\boldsymbol{x}$ 规范型为（　　）.

A. $y_1^2 + y_2^2 + y_3^2$　　B. $y_1^2 + y_2^2 - y_3^2$

C. $y_1^2 - y_2^2 - y_3^2$　　D. $-y_1^2 - y_2^2 - y_3^2$

题 5

二、填空题.

1. 矩阵 $\boldsymbol{A} = \begin{pmatrix} 1 & 0 & 4 \\ 0 & 2 & -1 \\ 4 & -1 & 3 \end{pmatrix}$ 对应的二次型 $f(x, y, z) =$ ________________.

2. 设 $f(x_1, x_2, x_3) = x_1^2 + x_2^2 + x_3^2 + 2x_1x_2 - 4x_1x_3$，则二次型 f 的矩阵为 ________________.

3. $f(x_1, x_2, x_3) = x_1^2 + ax_2^2 + 2x_3^2 - 2x_1x_2$ 为正定二次型，则 a 的取值范围为 ________________.

三、将二次型$f(x_1, x_2, x_3) = x_1^2+x_2^2-4x_1x_2-4x_1x_3$通过正交变换化成标准形.

四、证明若$\boldsymbol{A}$为n阶可逆实矩阵，则$\boldsymbol{A}^{\mathrm{T}}\boldsymbol{A}$是正定矩阵.

五、设三阶实对称阵 $\boldsymbol{A}$ 满足 $\boldsymbol{A}^2+2\boldsymbol{A}=\boldsymbol{0}$，$R(\boldsymbol{A})=2$.

（1）求 $\boldsymbol{A}$ 的全部特征值；

（2）求 k 为何值时，矩阵 $\boldsymbol{A}+k\boldsymbol{E}$ 为正定矩阵，其中 $\boldsymbol{E}$ 为三阶单位矩阵.

六、（研，2020）设二次型 $f(x_1, x_2, x_3)=x_1^2+x_2^2+x_3^2+2ax_1x_2+2ax_1x_3+2ax_2x_3$ 经可逆变换 $\begin{pmatrix} x_1 \\ x_2 \\ x_3 \end{pmatrix}=\boldsymbol{P}\begin{pmatrix} y_1 \\ y_2 \\ y_3 \end{pmatrix}$，得 $g(y_1, y_2, y_3)=y_1^2+y_2^2+4y_3^2+2y_1y_2$.

（1）求 a 的值；

（2）求可逆矩阵 $\boldsymbol{P}$.

综合模拟测试题一

一、填空题（每小题 4 分，共 20 分）.

1. 已知 $\boldsymbol{Ax}=\boldsymbol{0}$ 是四元的齐次线性方程组，其基础解系为 $\boldsymbol{\xi}_1$，$\boldsymbol{\xi}_2$，则 $R(\boldsymbol{A})=$ ________.

2. 已知三阶矩阵 $\boldsymbol{A}$ 的特征值为 -2，-1，2，则矩阵 $\boldsymbol{A}$ 的迹 $\mathrm{tr}(\boldsymbol{A})=$ ________.

3. 一个可逆的三阶矩阵 $\boldsymbol{P}$ 可表示成初等方阵之积，即 $\boldsymbol{P}=\boldsymbol{E}(3(1),2)\boldsymbol{E}(1(5))\boldsymbol{E}(1,3)$，则 $\boldsymbol{P}$ 的逆矩阵可表示成初等方阵之积为 $\boldsymbol{P}^{-1}=$ ____________________________.

4. 三阶矩阵 $\begin{pmatrix}1 & 3 & -2\\ 1 & 1 & 1\\ 2 & -1 & \lambda\end{pmatrix}$ 为非满秩矩阵，则 $\lambda=$ ________.

5. 二次型 $f(x_1,x_2,x_3)=5x_2^2-7x_3^2+2x_1x_2-18x_2x_3$ 的矩阵为________________.

二、计算题（每小题 10 分，共 60 分）.

6. 计算四阶行列式 $D=\begin{vmatrix}1 & -1 & 2 & 1\\ 2 & 0 & -3 & 2\\ -3 & -1 & 2 & 1\\ 4 & -7 & 3 & 4\end{vmatrix}$.

7. 设三阶方阵 $\boldsymbol{A}$ 与对角矩阵 $\boldsymbol{\Lambda}=\begin{pmatrix}2 & 0 & 0\\0 & -1 & 0\\0 & 0 & -3\end{pmatrix}$ 相似，求 $\left|\left(\frac{1}{6}\boldsymbol{A}\right)^{-1}-\boldsymbol{A}^3+10\boldsymbol{E}\right|$ 的值.

8. 设列向量组 $\boldsymbol{\alpha}_1=\begin{pmatrix}1\\-2\\2\\3\end{pmatrix}$，$\boldsymbol{\alpha}_2=\begin{pmatrix}-2\\1\\-4\\3\end{pmatrix}$，$\boldsymbol{\alpha}_3=\begin{pmatrix}-1\\0\\-2\\3\end{pmatrix}$，$\boldsymbol{\alpha}_4=\begin{pmatrix}0\\-2\\-6\\3\end{pmatrix}$，$\boldsymbol{\alpha}_5=\begin{pmatrix}2\\-3\\6\\4\end{pmatrix}$，求此列向量组的一个极大无关组，并把其余向量用此极大无关组线性表示 .

9. 设矩阵 $\boldsymbol{A}=\begin{pmatrix}5 & 2 & 0 & 0\\-3 & -1 & 0 & 0\\0 & 0 & -2 & -4\\0 & 0 & 5 & 8\end{pmatrix}$，求 $\boldsymbol{A}^{-1}$.

10. 线性方程组 $\begin{cases} x_1 - 2x_2 + 3x_3 = -1 \\ x_1 + (9-2a)x_3 = 9 \\ -3x_1 + 7x_2 + (a^2 - 4a - 16)x_3 = a + 10 \end{cases}$，问 a 为何值时，此方程无解，有唯一解，有无穷多解？并在无穷多解的情况下，求出方程组通解.

11. 设 $\boldsymbol{A} = \begin{pmatrix} 0 & 2 & -2 \\ 2 & 3 & -4 \\ -2 & -4 & 3 \end{pmatrix}$，求正交矩阵 $\boldsymbol{P}$，使 $\boldsymbol{P}^{\mathrm{T}}\boldsymbol{A}\boldsymbol{P} = \boldsymbol{\Lambda}$ 为对角矩阵.

三、应用题（每小题 5 分，共 10 分）.

12. 已知三阶行列式 $D = \begin{vmatrix} 2 & 3 & 4 \\ -6 & 2 & -14 \\ 1 & 5 & 11 \end{vmatrix}$，$A_{ij}$ 表示元素 a_{ij} 的代数余子式，求 $3A_{11} - A_{12} + 7A_{13}$.

13. 设矩阵 $\boldsymbol{A}$ 满足 $\boldsymbol{A}^2+2\boldsymbol{A}-16\boldsymbol{E}=\boldsymbol{O}$，证明矩阵 $\boldsymbol{A}+5\boldsymbol{E}$ 可逆，且求 $(\boldsymbol{A}+5\boldsymbol{E})^{-1}$.

四、证明题（10 分）.

14. 设三阶方阵 $\boldsymbol{A}$，其中 $\boldsymbol{\alpha}_1$，$\boldsymbol{\alpha}_2$，$\boldsymbol{\alpha}_3$ 为矩阵 $\boldsymbol{A}$ 的列向量组，且三元非齐次线性方程组 $\boldsymbol{Ax}=\boldsymbol{b}$ 有且仅有唯一解，有向量组 $\boldsymbol{\beta}_1=\boldsymbol{\alpha}_1+\boldsymbol{\alpha}_2+\boldsymbol{\alpha}_3$，$\boldsymbol{\beta}_2=2\boldsymbol{\alpha}_1+3\boldsymbol{\alpha}_2+4\boldsymbol{\alpha}_3$，$\boldsymbol{\beta}_3=4\boldsymbol{\alpha}_1+9\boldsymbol{\alpha}_2+16\boldsymbol{\alpha}_3$. 证明：向量组 $\boldsymbol{\beta}_1$，$\boldsymbol{\beta}_2$，$\boldsymbol{\beta}_3$ 线性无关.

综合模拟测试题二

一、选择题（每小题 3 分，共 15 分）.

1. 若 $\begin{vmatrix} a_{11} & a_{12} \\ a_{21} & a_{22} \end{vmatrix} = m$，$\begin{vmatrix} a_{13} & a_{11} \\ a_{23} & a_{21} \end{vmatrix} = n$，则 $\begin{vmatrix} a_{11} & a_{12}+a_{13} \\ a_{21} & a_{22}+a_{23} \end{vmatrix} =$（　　）.

A. $m+n$　　B. $-(m+n)$　　C. $n-m$　　D. $m-n$

2. 已知 3×4 矩阵 $\boldsymbol{A}$ 的行向量组线性无关，则秩 $R(\boldsymbol{A}^{\mathrm{T}})$ 等于（　　）.

A. 1　　B. 2　　C. 3　　D. 4

3. 设 $\boldsymbol{A}$ 为 n（$n\geqslant2$）方阵且 $|\boldsymbol{A}|=0$，则（　　）.

A. $\boldsymbol{A}$ 中有一行元素全为零

B. $\boldsymbol{A}$ 中有两行（列）元素成比例

C. $\boldsymbol{A}$ 中必有一行为其余行的线性组合

D. $\boldsymbol{A}$ 中任意一行为其余行的线性组合

4. 设 $\boldsymbol{A}$，$\boldsymbol{B}$ 为 n 阶方阵，且满足等式 $\boldsymbol{AB}=\boldsymbol{O}$，则必有（　　）.

A. $\boldsymbol{A}=\boldsymbol{O}$ 或 $\boldsymbol{B}=\boldsymbol{O}$　　B. $\boldsymbol{A}+\boldsymbol{B}=\boldsymbol{O}$

C. $|\boldsymbol{A}|=0$ 或 $|\boldsymbol{B}|=0$　　D. $|\boldsymbol{A}|+|\boldsymbol{B}|=0$

5. $\boldsymbol{A}$，$\boldsymbol{B}$ 均为三阶可逆矩阵，则下列等式成立的是（　　）.

A. $|(\boldsymbol{AB})^{-1}|=|\boldsymbol{A}|^{-1}|\boldsymbol{B}|^{-1}$　　B. $|-\boldsymbol{A}|=|\boldsymbol{A}|$

C. $|\boldsymbol{A}^2-\boldsymbol{B}^2|=|\boldsymbol{A}-\boldsymbol{B}||\boldsymbol{A}+\boldsymbol{B}|$　　D. $|2\boldsymbol{A}|=2|\boldsymbol{A}|$

二、填空题（每小题 3 分，共 15 分）.

6. 二次型 $f=2x_1^2-x_2^2+x_3^2+2x_1x_2-6x_2x_3$ 的矩阵为________.

7. 设 $\boldsymbol{A}=\begin{pmatrix} 3 & 2 & -1 & -3 & -1 \\ 2 & -1 & 3 & 1 & -3 \\ 7 & 0 & 5 & -1 & 8 \end{pmatrix}$，则 $R(\boldsymbol{A})=$________.

8. 若 $\boldsymbol{\alpha}$，$\boldsymbol{\beta}$ 都是 n 维非零列向量，矩阵 $\boldsymbol{A}=\boldsymbol{\alpha}\boldsymbol{\beta}^{\mathrm{T}}$，则 $\boldsymbol{A}$ 的秩为________.

9. $\boldsymbol{A}$，$\boldsymbol{B}$ 为三阶方阵，若 $\boldsymbol{A}\xrightarrow{r_2+2r_1}\boldsymbol{B}$，则 $\boldsymbol{B}=\boldsymbol{PA}$，其中初等矩阵 $\boldsymbol{P}=$________.

10. 设 $\boldsymbol{A}=\begin{pmatrix} 1 & 0 & 0 \\ 0 & 2 & 0 \\ 0 & 0 & 3 \end{pmatrix}$，则 $\boldsymbol{A}^{-1}=$________.

三、计算题（每小题 10 分，共 60 分）.

11. 计算行列式 $D=\begin{vmatrix} 1 & 0 & -1 & 2 \\ 2 & 1 & 0 & 1 \\ -1 & 2 & 1 & 3 \\ 1 & 1 & 2 & 3 \end{vmatrix}$.

12. 设$\boldsymbol{A}=\begin{pmatrix}0&3&3\\1&1&0\\-1&2&3\end{pmatrix}$，$\boldsymbol{AB}=\boldsymbol{A}+2\boldsymbol{B}$，求$\boldsymbol{B}$.

13. 讨论λ取不同值时，线性方程组$\begin{cases}x_1+x_3=\lambda\\4x_1+x_2+2x_3=\lambda+2\\6x_1+x_2+4x_3=2\lambda+3\end{cases}$解的情况，当有无穷解时，求出解的一般形式.

14. 当 a 为何值时，向量组 $\boldsymbol{\alpha}_1=\begin{pmatrix}1\\1\\1\\a\end{pmatrix}$，$\boldsymbol{\alpha}_2=\begin{pmatrix}2\\1\\2\\3\end{pmatrix}$，$\boldsymbol{\alpha}_3=\begin{pmatrix}1\\2\\1\\4\end{pmatrix}$，$\boldsymbol{\alpha}_4=\begin{pmatrix}1\\2\\3\\4\end{pmatrix}$ 线性相关？

15. 设矩阵 $\boldsymbol{A}=\begin{pmatrix}0&-1&1\\-1&0&1\\1&1&0\end{pmatrix}$，求 $\boldsymbol{A}$ 的特征值与所有特征向量 .

16. 设矩阵 $\boldsymbol{A}=\begin{pmatrix}1&1&-2&1\\2&-1&-1&1\\4&-6&2&-2\\3&6&-9&7\end{pmatrix}$，求 $\boldsymbol{A}$ 的列向量组 $\boldsymbol{\alpha}_1$，$\boldsymbol{\alpha}_2$，$\boldsymbol{\alpha}_3$，$\boldsymbol{\alpha}_4$ 的一个极大无关组，并把不属于极大无关组的列向量用极大无关组线性表示 .

四、证明题（每小题 5 分，共 10 分）．

17. $\boldsymbol{A}$ 为实矩阵，证明：$R(\boldsymbol{A}\boldsymbol{A}^{\mathrm{T}}) = R(\boldsymbol{A})$．

18. 设 $\boldsymbol{b}_1 = \boldsymbol{a}_1$，$\boldsymbol{b}_2 = \boldsymbol{a}_1 + \boldsymbol{a}_2$，$\boldsymbol{b}_3 = \boldsymbol{a}_1 + \boldsymbol{a}_2 + \boldsymbol{a}_3$，且向量组 $\boldsymbol{a}_1$，$\boldsymbol{a}_2$，$\boldsymbol{a}_3$ 线性无关，证明：向量组 $\boldsymbol{b}_1$，$\boldsymbol{b}_2$，$\boldsymbol{b}_3$ 线性无关．

综合模拟测试题三

一、选择题（每小题3分，共15分）．

1. 已知$\boldsymbol{A}$为三阶方阵，若$|\boldsymbol{A}|=-3$，则$||\boldsymbol{A}|\boldsymbol{A}|=$（　　）．

A. 3　　B. −9　　C. 27　　D. 81

2. 设$\boldsymbol{A}$为n阶可逆矩阵，$\boldsymbol{A}^*$为$\boldsymbol{A}$的伴随矩阵，则下列等式成立的是（　　）．

A. $|\boldsymbol{A}^*|=|\boldsymbol{A}^{-1}|$　　B. $|\boldsymbol{A}^*|=|\boldsymbol{A}|$　　C. $|\boldsymbol{A}^*|=|\boldsymbol{A}|^{n-1}$　　D. $|\boldsymbol{A}^*|=|\boldsymbol{A}|^n$

3. 设$\boldsymbol{A}$为四阶矩阵，且$\boldsymbol{A}$的行列式$|\boldsymbol{A}|=0$，则$\boldsymbol{A}$中（　　）．

A. 必有一列元素全为0

B. 必有两列元素成比例

C. 必有一列向量是其余列向量的线性组合

D. 任意列向量是其余列向量的线性组合

4. 设$R(\boldsymbol{A}_{3\times5})=3$，那么$\boldsymbol{A}_{3\times5}$必满足（　　）．

A. 二阶子式全为零　　B. 至少有一个二阶子式不为零

C. 三阶子式全为零　　D. 至少有一个四阶子式不为零

5. 设$\boldsymbol{A}=\begin{pmatrix}a_{11}&a_{12}&a_{13}\\a_{21}&a_{22}&a_{23}\\a_{31}&a_{32}&a_{33}\end{pmatrix}$，$\boldsymbol{B}=\begin{pmatrix}a_{21}&a_{22}&a_{23}\\a_{11}&a_{12}&a_{13}\\a_{31}+a_{11}&a_{32}+a_{12}&a_{33}+a_{13}\end{pmatrix}$，$\boldsymbol{P}_1=\begin{pmatrix}0&1&0\\1&0&0\\0&0&1\end{pmatrix}$，

$\boldsymbol{P}_2=\begin{pmatrix}1&0&0\\0&1&0\\1&0&1\end{pmatrix}$，则必有（　　）．

A. $\boldsymbol{P}_1\boldsymbol{P}_2\boldsymbol{A}=\boldsymbol{B}$　　B. $\boldsymbol{P}_2\boldsymbol{P}_1\boldsymbol{A}=\boldsymbol{B}$　　C. $\boldsymbol{A}\boldsymbol{P}_1\boldsymbol{P}_2=\boldsymbol{B}$　　D. $\boldsymbol{A}\boldsymbol{P}_2\boldsymbol{P}_1=\boldsymbol{B}$

二、填空题（每小题3分，共15分）．

6. 已知$\begin{vmatrix}1&2&3\\1&-1&x\\1&1&-1\end{vmatrix}$是关于$x$的一次多项式，则该式中$x$的系数为____________．

7. 设$\boldsymbol{A}$为三阶矩阵，若$\boldsymbol{A}$的特征值为0，1，2，则$|\boldsymbol{A}^2+\boldsymbol{A}+\boldsymbol{E}|=$________．

8. 二次型$f=x_1^2+x_2^2+x_3^2-2x_1x_2+6x_2x_3$的矩阵为____________________．

9. 设$\boldsymbol{A}$为n阶矩阵（$n\geqslant2$），$\boldsymbol{A}^*$为其伴随矩阵，若$R(\boldsymbol{A})\leqslant n-2$，则$R(\boldsymbol{A}^*)=$__________．

10. 已知$\boldsymbol{A}=\begin{pmatrix}1&0\\\lambda&1\end{pmatrix}$，则$\boldsymbol{A}^n=$____________________（$n$为正整数）．

三、计算题（每小题 10 分，共 60 分）.

11. 设 $D = \begin{vmatrix} 3 & 1 & -1 & 2 \\ -5 & 1 & 3 & -4 \\ 2 & 0 & 1 & -1 \\ 1 & -5 & 3 & -3 \end{vmatrix}$，其中元素 a_{ij} 的代数余子式记作 A_{ij}，求 $A_{31} + 3A_{32} - 2A_{33} + 2A_{34}$.

12. 设 $\boldsymbol{A} = \begin{pmatrix} 2 & -1 & -1 \\ 1 & 1 & -2 \\ 4 & -6 & 2 \end{pmatrix}$.

(1) 求 $\boldsymbol{A}$ 的行最简形及 A 的秩 $R(\boldsymbol{A})$；

(2) 若 $\boldsymbol{AB}+\boldsymbol{E}=\boldsymbol{A}^2+\boldsymbol{B}$，求 $\boldsymbol{B}$.

13. 求矩阵 $\boldsymbol{A}=\begin{pmatrix}1 & 1 & 2 & 2 & 1\\ 0 & 2 & 1 & 5 & -1\\ 2 & 0 & 3 & -1 & 3\\ 1 & 1 & 0 & 4 & -1\end{pmatrix}$ 的列向量组的一个极大无关组，并把不属于极大无关组的列向量用极大无关组线性表示.

14. 求解方程组 $\begin{cases}x_1-5x_2+2x_3-3x_4=11\\ 5x_1+3x_2+6x_3-x_4=-1.\\ 2x_1+4x_2+2x_3+x_4=-6\end{cases}$

15. 设 $A = \begin{pmatrix} 2 & -2 & 0 \\ -2 & 1 & -2 \\ 0 & -2 & 0 \end{pmatrix}$，求一个正交矩阵 P，使得 $P^{-1}AP = \Lambda$（Λ 为对角阵）.

16. 已知 $A = \begin{pmatrix} 5 & 2 & 0 & 0 \\ 2 & 1 & 0 & 0 \\ 0 & 0 & 8 & 3 \\ 0 & 0 & 5 & 2 \end{pmatrix}$，计算：（1）$|A^8|$；（2）$A^{-1}$.

四、证明题（每小题 5 分，共 10 分）.

17. 设 $\boldsymbol{A}_{m\times n}\boldsymbol{B}_{n\times l}=\boldsymbol{O}$，证明 $R(\boldsymbol{A})+R(\boldsymbol{B})\leqslant n$.

18. 设 $\boldsymbol{\beta}_1=\boldsymbol{\alpha}_1+\boldsymbol{\alpha}_2$，$\boldsymbol{\beta}_1=\boldsymbol{\alpha}_2+\boldsymbol{\alpha}_3$，$\boldsymbol{\beta}_1=\boldsymbol{\alpha}_1+\boldsymbol{\alpha}_3$，且向量组 $\boldsymbol{\alpha}_1$，$\boldsymbol{\alpha}_2$，$\boldsymbol{\alpha}_3$ 线性无关. 证明：向量组 $\boldsymbol{\beta}_1$，$\boldsymbol{\beta}_2$，$\boldsymbol{\beta}_3$ 线性无关.

综合模拟测试题四

一、选择题（每小题 3 分，共 15 分）.

1. 四阶行列式 $D=\begin{vmatrix} a_1 & 0 & 0 & b_1 \\ 0 & a_2 & b_2 & 0 \\ 0 & b_3 & a_3 & 0 \\ b_4 & 0 & 0 & a_4 \end{vmatrix}$ 的值等于（　　）.

A. $a_1a_2a_3a_4-b_1b_2b_3b_4$　　B. $a_1a_2a_3a_4+b_1b_2b_3b_4$

C. $(a_1a_2-b_1b_2)(a_3a_4-b_3b_4)$　　D. $(a_2a_3-b_2b_3)(a_1a_4-b_1b_4)$

2. 已知向量组 $\boldsymbol{\alpha}_1$，$\boldsymbol{\alpha}_2$，…，$\boldsymbol{\alpha}_m$ 的秩为 $r(r<m)$，则该向量组中（　　）.

A. 必有 r 个向量线性无关

B. 任意 r 个向量线性无关

C. 任意 r 个向量都是该向量组的最大无关组

D. 任一向量都可由其余向量线性表出

3. 齐次方程组 $\begin{cases} a_1x_1+a_2x_2+\cdots+a_nx_n=0 \\ b_1x_1+b_2x_2+\cdots+b_nx_n=0 \end{cases}$ 的基础解系中含有 $n-1$ 个解向量，则必有（　　）成立（$a_i\neq 0$，$i=1$，2，…，n）.

A. $a_1=a_2=\cdots=a_n$　　B. $b_1=b_2=\cdots=b_n$

C. $\begin{vmatrix} a_1 & a_2 \\ b_1 & b_2 \end{vmatrix}\neq 0$　　D. $\dfrac{a_i}{b_i}=m\neq 0$，$i=1$，2，…，n

4. 若方阵 $\boldsymbol{A}$ 与对角矩阵 $\boldsymbol{D}=\begin{pmatrix} -1 & & \\ & 1 & \\ & & -1 \end{pmatrix}$ 相似，则 $\boldsymbol{A}^6=$（　　）.

A. $\boldsymbol{A}$　　B. $-\boldsymbol{E}$　　C. $\boldsymbol{E}$　　D. $6\boldsymbol{E}$

5. 设三阶矩阵 $\boldsymbol{A}$ 的特征值为 $-1,3,4$，则 $\boldsymbol{A}$ 的伴随矩阵 $\boldsymbol{A}^*$ 的特征值为（　　）.

A. 12，-4，-3　　B. -1，$\dfrac{1}{3}$，$\dfrac{1}{4}$

C. 2，5，6　　D. -1，6，9

二、填空题（每小题 3 分，共 15 分）.

6. 设 $\boldsymbol{A}$，$\boldsymbol{B}$ 都是 n 阶方阵，$\boldsymbol{E}$ 是 n 阶单位矩阵，$|\boldsymbol{A}|=-3$，且 $\boldsymbol{AB}=\boldsymbol{E}$，则 $|\boldsymbol{B}|$ 等于________________.

7. 设 $\boldsymbol{A}=\begin{pmatrix} 2 & 0 & 0 \\ 0 & -1 & 0 \\ 0 & 0 & \frac{1}{6} \end{pmatrix}$，则 $|\boldsymbol{A}^{-1}|$ 等于________________.

8. 二次型 $f(x_1, x_2, x_3) = x_1^2 + x_2^2 + x_3^2 + 6x_1x_2 + 6x_1x_3 + 6x_2x_3$ 的矩阵形式为____________________.

9. 如果向量 $\boldsymbol{\alpha} = (1, -2, 2, -1)$ 与向量 $\boldsymbol{\beta} = (1, 1, k, 3)$ 正交，则常数 $k =$ ________.

10. 已知三阶矩阵的特征值为 1，－1，2，行列式 $|\boldsymbol{A} - 5\boldsymbol{I}| =$ ____________.

三、计算题（每小题 10 分，共 60 分）.

11. 计算行列式 $D = \begin{vmatrix} 3 & -2 & 1 & 4 \\ -7 & 5 & -3 & -6 \\ 2 & 1 & -1 & 3 \\ 4 & -3 & 2 & 8 \end{vmatrix}$.

12. 已知 $\boldsymbol{\alpha} = (1, 2, 3)$，$\boldsymbol{\beta} = \left(1, \frac{1}{2}, \frac{1}{3}\right)$，设 $\boldsymbol{A} = \boldsymbol{\alpha}^{\mathrm{T}}\boldsymbol{\beta}$，计算 $\boldsymbol{A}^n$.

13. 已知 $\boldsymbol{AP}=\boldsymbol{PB}$，其中 $\boldsymbol{B}=\begin{pmatrix}1&0&0\\0&0&0\\0&0&-1\end{pmatrix}$，$\boldsymbol{P}=\begin{pmatrix}1&0&0\\2&-1&0\\2&1&1\end{pmatrix}$，求 $\boldsymbol{A}$ 及 $\boldsymbol{A}^5$.

14. 求线性方程组 $\begin{cases}x_1-x_2+x_3-x_4=0\\x_1-x_2+2x_3-3x_4=1\\x_1-x_2+3x_3-5x_4=2\end{cases}$.

15. 用施密特正交化过程将下列向量组化为等价的正交规范向量组 $(2,0,0,-2)^{\mathrm{T}},(0,-1,1,0)^{\mathrm{T}},(3,5,-3,1)^{\mathrm{T}}$.

16. 设$A=\begin{pmatrix} 2 & -2 & 0 \\ -2 & 1 & -2 \\ 0 & -2 & 3 \end{pmatrix}$，求$A$的特征值和特征向量.

四、证明题（10分）

17. 向量组$\boldsymbol{\beta}_1=\boldsymbol{\alpha}_1+\boldsymbol{\alpha}_2$，$\boldsymbol{\beta}_2=\boldsymbol{\alpha}_2+\boldsymbol{\alpha}_3$，…，$\boldsymbol{\beta}_{n-1}=\boldsymbol{\alpha}_{n-1}+\boldsymbol{\alpha}_n$，$\boldsymbol{\beta}_n=\boldsymbol{\alpha}_n+\boldsymbol{\alpha}_1$，试证：

（1）当n为偶数时，$\boldsymbol{\beta}_1$，$\boldsymbol{\beta}_2$，…，$\boldsymbol{\beta}_n$线性相关.

（2）当n为奇数时，$\boldsymbol{\beta}_1$，$\boldsymbol{\beta}_2$，…，$\boldsymbol{\beta}_n$线性无关的充分必要条件是$\boldsymbol{\alpha}_1$，$\boldsymbol{\alpha}_2$，…，$\boldsymbol{\alpha}_n$线性无关.

综合模拟测试题五

一、选择题（每小题 3 分，共 15 分）.

1. $\tau[(n-1)(n-2)\cdots 21n]=($　　$)$.

A. $\frac{1}{2}n(n-1)$　　B. $n(n-1)$　　C. $\frac{1}{2}(n-1)(n-2)$　　D. $n(n+1)$

2. 设 n 阶矩阵 $\boldsymbol{A}$ 非奇异 $(n \geqslant 2)$，$\boldsymbol{A}^*$ 是 $\boldsymbol{A}$ 的伴随矩阵，则（　　）.

A. $(\boldsymbol{A}^*)^*=|\boldsymbol{A}|^{n-1}\boldsymbol{A}$　　B. $(\boldsymbol{A}^*)^*=|\boldsymbol{A}|^{n+1}\boldsymbol{A}$

C. $(\boldsymbol{A}^*)^*=|\boldsymbol{A}|^{n-2}\boldsymbol{A}$　　D. $(\boldsymbol{A}^*)^*=|\boldsymbol{A}|^{n+2}\boldsymbol{A}$

3. 设 $\boldsymbol{A}$ 是三阶方阵，将 $\boldsymbol{A}$ 的第 1 列与第 2 列交换得 $\boldsymbol{B}$，再把 $\boldsymbol{B}$ 的第 2 列加到第 3 列得 $\boldsymbol{C}$，则满足 $\boldsymbol{AQ}=\boldsymbol{C}$ 的可逆矩阵 $\boldsymbol{Q}$ 为（　　）.

A. $\begin{pmatrix}0&1&0\\1&0&0\\1&0&1\end{pmatrix}$　　B. $\begin{pmatrix}0&1&0\\1&0&1\\0&0&1\end{pmatrix}$　　C. $\begin{pmatrix}0&1&0\\1&0&0\\0&1&1\end{pmatrix}$　　D. $\begin{pmatrix}0&1&1\\1&0&0\\0&0&1\end{pmatrix}$

4. 当非齐次线性方程组 $\boldsymbol{A}_{m\times n}\boldsymbol{X}_{n\times l}=\boldsymbol{B}_{m\times l}$ 满足条件（　　）时，此方程组有解.

A. 秩$(\boldsymbol{A},\boldsymbol{B}) \geqslant n$　　B. 秩$(\boldsymbol{A},\boldsymbol{B}) \leqslant$ 秩$(\boldsymbol{A})$

C. 秩$(\boldsymbol{A},\boldsymbol{B}) \leqslant n$　　D. 秩$(\boldsymbol{A},\boldsymbol{B}) \geqslant$ 秩$(\boldsymbol{A})$

5. 设 $\boldsymbol{\alpha}_1$，$\boldsymbol{\alpha}_2$，$\boldsymbol{\alpha}_3$ 是四元非齐次线性方程组 $\boldsymbol{Ax}=\boldsymbol{b}$ 的三个解向量，且秩$(\boldsymbol{A})=3$，$\boldsymbol{\alpha}_1=(1,2,3,4)^{\mathrm{T}}$，$\boldsymbol{\alpha}_2+\boldsymbol{\alpha}_3=(0,1,2,3)^{\mathrm{T}}$，则线性方程组 $\boldsymbol{Ax}=\boldsymbol{b}$ 的通解为（　　）.

A. $\begin{pmatrix}1\\2\\3\\4\end{pmatrix}+k\begin{pmatrix}1\\1\\1\\1\end{pmatrix}$　　B. $\begin{pmatrix}1\\2\\3\\4\end{pmatrix}+k\begin{pmatrix}0\\1\\2\\3\end{pmatrix}$　　C. $\begin{pmatrix}1\\2\\3\\4\end{pmatrix}+k\begin{pmatrix}2\\3\\4\\5\end{pmatrix}$　　D. $\begin{pmatrix}1\\2\\3\\4\end{pmatrix}+k\begin{pmatrix}3\\4\\5\\6\end{pmatrix}$

二、填空题（每小题 3 分，共 15 分）.

6. n 阶行列式 $D_n=\begin{vmatrix}1&a_1&0&\cdots&0\\0&1&a_2&\cdots&0\\\vdots&\vdots&\vdots&&\vdots\\0&0&0&\cdots&a_{n-1}\\a_n&0&0&\cdots&1\end{vmatrix}=$________________.

7. 二次型 $f=x_1^2-2x_1x_2+3x_1x_3-2x_2^2+8x_2x_3+3x_3^2$ 的矩阵形式为____________.

8. 设 $\boldsymbol{A}=\begin{pmatrix}1&0&0\\3&2&0\\3&4&5\end{pmatrix}$，则 $(\boldsymbol{A}^*)^{-1}=$________________.

9. 设 $\boldsymbol{A}$ 是三阶方阵，$\boldsymbol{A}^*$ 是 $\boldsymbol{A}$ 的伴随矩阵，$\boldsymbol{A}$ 的行列式 $|\boldsymbol{A}|=\frac{1}{2}$，则行列式

$|(3\boldsymbol{A})^{-1}-2\boldsymbol{A}^*|=$____________________.

10. 已知矩阵 $\boldsymbol{A}=\begin{pmatrix}2&0&0\\0&0&1\\0&1&x\end{pmatrix}$ 与 $\boldsymbol{B}=\begin{pmatrix}2&0&0\\0&y&0\\0&0&-1\end{pmatrix}$ 相似，则 $x=$________，$y=$____________________.

三、计算题（每小题 10 分，共 60 分）.

11. 计算 $\begin{vmatrix}x&y&x+y\\y&x+y&x\\x+y&x&y\end{vmatrix}$.

12. 求解非齐次线性方程组 $\begin{cases}x_1+x_2+x_3+x_4=-2\\x_2+2x_3+2x_4=3\\3x_1+2x_2+x_3+x_4=-9\\5x_1+4x_2+3x_3+3x_4=-13\end{cases}$.

13. 用初等变换求矩阵 $\boldsymbol{A}=\begin{pmatrix}2 & 2 & 3\\ 1 & -1 & 0\\ -1 & 2 & 1\end{pmatrix}$ 的逆阵.

14. 用施密特正交化过程将下列向量组化为等价的正交规范向量组：$(2,-1,-3)^{T}$，$(-1,5,1)^{T}$，$(14,1,9)^{T}$.

15. 求矩阵 $\boldsymbol{A}=\begin{pmatrix}1 & -3 & 3\\ -2 & -6 & 13\\ -1 & -4 & 8\end{pmatrix}$ 的特征值与特征向量.

16. 求矩阵 $\boldsymbol{A}=\begin{pmatrix} 2 & 4 & 4 & 3 \\ 1 & 2 & -3 & -1 \\ 3 & 6 & 1 & 2 \\ -1 & -2 & 1 & 0 \end{pmatrix}$ 的列向量组的一个极大无关组，并将其余列向量表成它的线性组合.

四、证明题（10 分）.

17. 设 $\boldsymbol{\beta}_1=\boldsymbol{\alpha}_1$，$\boldsymbol{\beta}_2=\boldsymbol{\alpha}_1+\boldsymbol{\alpha}_2$，$\boldsymbol{\beta}_3=\boldsymbol{\alpha}_1+\boldsymbol{\alpha}_2+\boldsymbol{\alpha}_3$，…，$\boldsymbol{\beta}_s=\boldsymbol{\alpha}_1+\boldsymbol{\alpha}_2+\cdots+\boldsymbol{\alpha}_s$，证明：$\boldsymbol{\beta}_1$，$\boldsymbol{\beta}_2$，…，$\boldsymbol{\beta}_s$ 与 $\boldsymbol{\alpha}_1$，$\boldsymbol{\alpha}_2$，…，$\boldsymbol{\alpha}_s$ 有相同的秩.

综合模拟测试题六

一、选择题（每小题 3 分，共 15 分）.

1. 若 $\begin{vmatrix} a_{11} & a_{12} \\ a_{21} & a_{22} \end{vmatrix} = a$，则 $\begin{vmatrix} a_{12} & ka_{22} \\ a_{11} & ka_{21} \end{vmatrix} =$（　　）.

A. ka　　B. $-ka$　　C. k^2a　　D. $-k^2a$

2. 设 $\boldsymbol{A}$，$\boldsymbol{B}$ 均为 n 阶方阵，则必有（　　）.

A. $(\boldsymbol{AB})^n = \boldsymbol{A}^n\boldsymbol{B}^n$　　B. $(\boldsymbol{AB})^{\mathrm{T}} = A^{\mathrm{T}}B^{\mathrm{T}}$

C. $|\boldsymbol{AB}| = |\boldsymbol{A}||\boldsymbol{B}|$　　D. $|\boldsymbol{A}+\boldsymbol{B}| = |\boldsymbol{A}|+|\boldsymbol{B}|$

3. 已知向量组（Ⅰ）$\boldsymbol{\alpha}_1$，$\boldsymbol{\alpha}_2$，$\boldsymbol{\alpha}_3$ 和向量组（Ⅱ）：$\boldsymbol{\beta}_1$，$\boldsymbol{\beta}_2$，$\boldsymbol{\beta}_3$，且 $\begin{cases} \boldsymbol{\beta}_1 = \boldsymbol{\alpha}_1 \\ \boldsymbol{\beta}_2 = \boldsymbol{\alpha}_1 + \boldsymbol{\alpha}_2 \\ \boldsymbol{\beta}_3 = -\boldsymbol{\alpha}_1 + \boldsymbol{\alpha}_2 + \boldsymbol{\alpha}_3 \end{cases}$，则（　　）.

A. 秩(Ⅰ)<秩（Ⅱ）　　B. 秩(Ⅰ)= 秩(Ⅱ)

C. 秩(Ⅰ)>秩（Ⅱ）　　D. 无法判断

4. 设三阶方阵 $\boldsymbol{A}$ 的特征值为 1，2，−2，则行列式 $|\boldsymbol{A}^3 + \boldsymbol{E}|$ 的值为（　　）.

A. −3　　B. 63　　C. −126　　D. −63

5. 下列矩阵中不是正交矩阵的是（　　）.

A. $\begin{pmatrix} \frac{1}{\sqrt{2}} & 0 & -\frac{1}{\sqrt{2}} \\ 0 & 1 & 0 \\ \frac{1}{\sqrt{2}} & 0 & \frac{1}{\sqrt{2}} \end{pmatrix}$　　B. $\begin{pmatrix} 1 & 0 & 0 \\ 0 & 1 & 0 \\ 0 & 0 & 1 \end{pmatrix}$

C. $\begin{pmatrix} 0 & 0 & 1 \\ 0 & 1 & 0 \\ 1 & 0 & 0 \end{pmatrix}$　　D. $\begin{pmatrix} \frac{1}{\sqrt{2}} & \frac{1}{\sqrt{2}} & 0 \\ 0 & 1 & 0 \\ \frac{1}{\sqrt{2}} & 0 & \frac{1}{\sqrt{2}} \end{pmatrix}$

二、填空题（每小题 3 分，共 15 分）.

6. 当 $k \neq$ ______________ 时，方程组 $\begin{cases} kx + z = 0 \\ 2x + ky + z = 0 \\ kx - 2y + z = 0 \end{cases}$ 只有零解 .

7. 在四阶行列式 D_4 中，第 3 行元素依次是 2，−1，3，5，它们的余子式的值依次是 3，9，−3，−1，则 $D_4 =$ ____________________.

8. 已知$\boldsymbol{A}=\begin{pmatrix}1&0&0\\2&1&0\\-3&2&5\end{pmatrix}$，$\boldsymbol{A}^*$为$\boldsymbol{A}$的伴随阵，则$\boldsymbol{A}^*\boldsymbol{A}=$______________.

9. 二次型$f(x_1, x_2, x_3)=x_1^2+2x_1x^2-x_1x_3+2x_3^2$可用矩阵表示为$f(x_1, x_2, x_3)=$________________________.

10. 设$\boldsymbol{A}$，$\boldsymbol{B}$分别是三阶和四阶方阵，其行列式的值分别为$|\boldsymbol{A}|=2$，$|\boldsymbol{B}|=-1$，又设$\boldsymbol{C}=\begin{pmatrix}\boldsymbol{A}&\boldsymbol{O}\\\boldsymbol{O}&2\boldsymbol{B}\end{pmatrix}$，则$|\boldsymbol{C}|=$______________.

三、计算题（每题10分，共60分）.

11. 计算行列式$D=\begin{vmatrix}1&-1&1&2\\2&-2&5&-2\\3&0&3&-3\\7&-4&4&-4\end{vmatrix}$.

12. 设$\boldsymbol{A}$，$\boldsymbol{B}$都是三阶方阵，将$\boldsymbol{A}$的第1行的−2倍加到第3行，得矩阵$\boldsymbol{C}$，将$\boldsymbol{B}$的第1列乘以−2，得矩阵$\boldsymbol{D}$，若$\boldsymbol{CD}=\begin{pmatrix}0&3&1\\2&5&7\\4&8&6\end{pmatrix}$，求$\boldsymbol{AB}$.

13. 已知向量 $\boldsymbol{\alpha}_1=\begin{pmatrix}1\\1\\3\\1\end{pmatrix}$，$\boldsymbol{\alpha}_2=\begin{pmatrix}-1\\1\\-1\\3\end{pmatrix}$，$\boldsymbol{\alpha}_3=\begin{pmatrix}5\\-2\\8\\-9\end{pmatrix}$，$\boldsymbol{\alpha}_4=\begin{pmatrix}-1\\3\\1\\7\end{pmatrix}$，求向量组 $\boldsymbol{\alpha}_1$，$\boldsymbol{\alpha}_2$，$\boldsymbol{\alpha}_3$，$\boldsymbol{\alpha}_4$ 的一个极大无关组和向量组的秩，并用此极大无关组将其余向量线性表出.

14. 已知 $\boldsymbol{A}=\begin{pmatrix}0&1&2\\1&1&4\\2&-1&0\end{pmatrix}$，求 $\boldsymbol{A}^{-1}$.

15. 实对称阵 $\boldsymbol{A}=\begin{pmatrix}4&0&0\\0&3&1\\0&1&3\end{pmatrix}$，求正交阵 $\boldsymbol{P}$，使得 $\boldsymbol{P}^{\mathrm{T}}\boldsymbol{A}\boldsymbol{P}$ 为对角阵.

16. 求解非齐次线性方程组 $\begin{cases} x_1 + 2x_2 + 3x_3 + x_4 = 5 \\ 2x_1 + 4x_2 - x_4 = -2 \\ -x_1 - 2x_2 + 3x_3 + 2x_4 = 7 \end{cases}$.

四、证明题（10 分）.

17. 设 $\boldsymbol{\xi}^*$ 是非齐次线性方程组 $\boldsymbol{Ax}=\boldsymbol{b}$ 的一个解，$\boldsymbol{\eta}_1$，$\boldsymbol{\eta}_2$，…，$\boldsymbol{\eta}_{n-r}$ 是其导出组（对应齐次线性方程组 $\boldsymbol{Ax}=\boldsymbol{0}$）的一个基础解系，证明：$\boldsymbol{\xi}^*$，$\boldsymbol{\eta}_1$，$\boldsymbol{\eta}_2$，…，$\boldsymbol{\eta}_{n-r}$ 线性无关.

综合模拟测试题七

一、选择题（每小题 3 分，共 15 分）.

1. 设 $\boldsymbol{D}$ 为三阶方阵，$|\boldsymbol{D}|=7$，则 $|5\boldsymbol{D}|$ 的值为（　　）.

A. 7　　B. 35　　C. 175　　D. 875

2. 行列式 $\begin{vmatrix} 3 & 1 & -2 \\ 6 & 0 & 4 \\ 1 & 8 & 2 \end{vmatrix}$ 中 $a_{32}=8$ 的代数余子式为（　　）.

A. 8　　B. −8　　C. 24　　D. −24

3. 设 $\boldsymbol{A}$，$\boldsymbol{B}$ 为 n 阶方阵，则下列说法正确的是（　　）.

A. 若 $\boldsymbol{A}$ 可逆，$\boldsymbol{B}$ 不可逆，则 $\boldsymbol{A}+\boldsymbol{B}$ 必不可逆

B. 虽 $\boldsymbol{A}$，$\boldsymbol{B}$ 均不可逆，但 $\boldsymbol{A}+\boldsymbol{B}$ 有可能可逆

C. 若 $\boldsymbol{A}$ 可逆，$\boldsymbol{E}$ 为 n 阶单位阵，则 $\boldsymbol{A}+\boldsymbol{E}$ 必可逆

D. 虽 $\boldsymbol{AB}$ 不可逆，但 $\boldsymbol{A}$ 与 $\boldsymbol{B}$ 有可能均可逆

4. 当 $\lambda=$（　　）时，下列非齐次线性方程组无解 $\begin{cases} 3x_1+6x_2+x_3=8 \\ 2x_2+x_3=2 \\ (\lambda^2-2\lambda-3)x_3=\lambda^2-4\lambda+3 \end{cases}$.

A. 1 或 3　　B. 1　　C. −1　　D. 3

5. 设 $\lambda=3$ 为可逆阵 $\boldsymbol{A}$ 的一个特征值，则 $\left(\frac{1}{2}\boldsymbol{A}\right)^{-1}$ 的一个特征值为（　　）.

A. $\frac{1}{3}$　　B. 2　　C. $\frac{2}{3}$　　D. $\frac{3}{2}$

二、填空题（每小题 3 分，共 15 分）.

6. 若方阵 $\boldsymbol{A}$ 与对角阵 $\boldsymbol{\Lambda}=\begin{pmatrix} -1 & & \\ & 1 & \\ & & 1 \end{pmatrix}$ 相似，则 $|\boldsymbol{A}^4+\boldsymbol{E}|$____________.

7. 实对称阵 $\begin{pmatrix} -1 & 1/2 & 3 \\ 1/2 & 1 & 2 \\ 3 & 2 & 0 \end{pmatrix}$ 对应的二次型为____________.

8. 若矩阵 $\boldsymbol{A}=\begin{pmatrix} -1 & 2 & 1 \\ 2 & 1 & 2 \\ 7 & 1 & t \end{pmatrix}$ 的列向量组线性相关，则 $t=$____________.

9. 矩阵 $\boldsymbol{A}=\begin{pmatrix} k & 1 & 1 \\ 1 & k & 1 \\ 1 & 1 & k \end{pmatrix}$ 的秩为 1，则 $k=$____________.

10. 齐次线性方程组 $x_1+3x_2+2x_3=0$ 的解空间的维数为____________.

三、计算题（每小题 10 分，共 60 分）.

11. 求矩阵 $\boldsymbol{A}=\begin{pmatrix}2&3&0&0&0\\4&2&0&0&0\\0&0&3&0&0\\0&0&0&6&1\\0&0&0&-2&5\end{pmatrix}$ 的逆矩阵.

12. 求解非齐次线性方程组 $\begin{cases}x_1+x_2+x_3+x_4+x_5=7\\3x_1+x_2+2x_3+x_4-3x_5=-2\\2x_2+x_3+2x_4+6x_5=23\end{cases}$.

13. 计算行列式 $\begin{vmatrix} 3 & 1 & 2 & 1 \\ 304 & 101 & 99 & -97 \\ 4 & 1 & -1 & 3 \\ 2 & 4 & 5 & 1 \end{vmatrix}$.

14. 用施密特正交化过程将下列向量组化为等价的正交规范向量组：$(1,\ 0,\ 0,\ 1)^T$，$(0,\ 1,\ -1,\ 0)^T$，$(5,\ 6,\ 0,\ 3)^T$.

15. 矩阵 $\begin{pmatrix} -4 & -10 & 0 \\ 1 & 3 & 0 \\ 3 & 6 & 1 \end{pmatrix}$ 是否能与对角阵相似？若能，求可逆阵 $\boldsymbol{P}$，使 $\boldsymbol{P}^{-1}\boldsymbol{AP}$ 为对角阵.

16. 求矩阵 $\boldsymbol{A}=\begin{pmatrix}1 & -2 & -1 & 0 & 2\\ -2 & 4 & 2 & 6 & -6\\ 2 & -1 & 0 & 2 & 3\\ 3 & 3 & 3 & 3 & 4\end{pmatrix}$ 的列向量组的一个极大无关组，并将其余列向量用该极大无关组线性表示出来．

四、证明题（10 分）．

17. $\boldsymbol{\beta}_1=\boldsymbol{\alpha}_1$，$\boldsymbol{\beta}_2=\boldsymbol{\alpha}_1+\boldsymbol{\alpha}_2$，$\boldsymbol{\beta}_3=\boldsymbol{\alpha}_1+\boldsymbol{\alpha}_2+\boldsymbol{\alpha}_3$，证明：若 $\boldsymbol{\beta}_1$，$\boldsymbol{\beta}_2$，$\boldsymbol{\beta}_3$ 为正交向量组，则 $\boldsymbol{\alpha}_1$，$\boldsymbol{\alpha}_2$，$\boldsymbol{\alpha}_3$ 线性无关．

综合模拟测试题八

一、选择题（每小题3分，共15分）.

1. 设$\boldsymbol{A}$为四阶方阵，则$|-3\boldsymbol{A}|$为（　　）.

A. $3^4|\boldsymbol{A}|$　　B. $3|\boldsymbol{A}|$　　C. $3^{12}|\boldsymbol{A}|$　　D. $4^3\boldsymbol{A}$

2. 齐次方程组$\begin{cases} a_1x_1+a_2x_2+\cdots+a_nx_n=0 \\ b_1x_1+b_2x_2+\cdots+b_nx_n=0 \end{cases}$的基础解系中含有$n-1$个解向量，则必有（　　）成立（$a_i\neq 0$，$i=1$，2，…，$n$）.

A. $a_1=a_2=\cdots=a_n$　　B. $b_1=b_2=\cdots=b_n$

C. $\dfrac{a_i}{b_i}=m\neq 0$，$i=1$，2，…，n.　　D. $\begin{vmatrix} a_1 & a_2 \\ b_1 & b_2 \end{vmatrix}\neq 0$

3. 设$\boldsymbol{A}$为n阶方阵，$|\boldsymbol{A}|\neq 0$，则（　　）.

A. $\boldsymbol{A}$是正定矩阵

B. $R(\boldsymbol{A})<n$

C. $\boldsymbol{A}$有两列对应元素成比例

D. $\boldsymbol{A}$中任一行均不能由其余各行线性表示

4. 矩阵$\boldsymbol{A}$有特征值1，2，则$\boldsymbol{A}^2-\boldsymbol{A}+\boldsymbol{E}$一定有特征值（　　）.

A. 1，2　　B. 1，3　　C. 2，3　　D. 1，2，3

5. 设$\boldsymbol{A}$为三阶矩阵，将$\boldsymbol{A}$的第2行加到第1行得$\boldsymbol{B}$，再将$\boldsymbol{B}$的第1列的-1倍加到第2列得$\boldsymbol{C}$，记$\boldsymbol{P}=\begin{pmatrix} 1 & 1 & 0 \\ 0 & 1 & 0 \\ 0 & 0 & 1 \end{pmatrix}$，则（　　）.

A. $\boldsymbol{C}=\boldsymbol{P}^{-1}\boldsymbol{AP}$　　B. $\boldsymbol{C}=\boldsymbol{PAP}^{-1}$　　C. $\boldsymbol{C}=\boldsymbol{P}^{\mathrm{T}}\boldsymbol{AP}$　　D. $\boldsymbol{C}=\boldsymbol{PAP}^{\mathrm{T}}$

二、填空题（每小题3分，共15分）.

6. 四阶行列式中含有因子$a_{12}a_{34}$且带负号的项为______________.

7. 设矩阵$\boldsymbol{A}=\begin{pmatrix} 2 & 1 \\ -1 & 1 \end{pmatrix}$，$\boldsymbol{B}=\begin{pmatrix} -1 & 0 \\ 1 & 1 \end{pmatrix}$，则$\boldsymbol{A}^2(\boldsymbol{B}^{-1}\boldsymbol{A})^{-1}=$______________.

8. 设$\boldsymbol{A}=\begin{pmatrix} 1 & 0 \\ 3 & 2 \end{pmatrix}$，则$(\boldsymbol{A}^*)^{-1}=$______________.

9. 设$\boldsymbol{A}$是4×3矩阵，且$R(\boldsymbol{A})=2$，$\boldsymbol{B}=\begin{pmatrix} 1 & 0 & 2 \\ 0 & 2 & 1 \\ 2 & 0 & 3 \end{pmatrix}$，则$R(\boldsymbol{AB})=$________.

10. 二次型$f(x_1, x_2, x_3)=2x_2^2+2x_3^2+4x_1x_2-4x_1x_3+8x_2x_3$的矩阵$\boldsymbol{A}=$________.

三、计算题（每题 10 分，共 60 分）.

11. 计算行列式 $D = \begin{vmatrix} 1 & 1 & -1 & 2 \\ -1 & -1 & -4 & 1 \\ 2 & 4 & -6 & 1 \\ 1 & 2 & 4 & 2 \end{vmatrix}$ 的值.

12. 已知 $\boldsymbol{A}$，$\boldsymbol{B}$ 为三阶矩阵，且满足 $\boldsymbol{A}^{-1}\boldsymbol{B}=\boldsymbol{B}-4\boldsymbol{E}$，其中 $\boldsymbol{E}$ 是三阶单位矩阵，$\boldsymbol{B}=\begin{pmatrix} 1 & -2 & 0 \\ 1 & 2 & 0 \\ 0 & 0 & 2 \end{pmatrix}$，求矩阵 $\boldsymbol{A}$.

13. 设有向量组 $\boldsymbol{\alpha}_1=\begin{pmatrix} 1 \\ 1 \\ k \end{pmatrix}$，$\boldsymbol{\alpha}_2=\begin{pmatrix} -1 \\ k \\ 1 \end{pmatrix}$，$\boldsymbol{\alpha}_3=\begin{pmatrix} -k \\ 1 \\ -1 \end{pmatrix}$，$\boldsymbol{\alpha}_4=\begin{pmatrix} 1 \\ 4 \\ 5 \end{pmatrix}$，问 k 参数为何值时，$\boldsymbol{\alpha}_1$，$\boldsymbol{\alpha}_2$ 为向量组的极大无关组？并在此时求出 $\boldsymbol{\alpha}_3$，$\boldsymbol{\alpha}_4$ 由极大无关组表示的线性表达式.

14. n 阶方阵 $\boldsymbol{A}$ 满足 $|3\boldsymbol{E}+\boldsymbol{A}|=0$，$\boldsymbol{A}\boldsymbol{A}^{\mathrm{T}}=9\boldsymbol{E}$，$|\boldsymbol{A}|<0$，求 $\boldsymbol{A}^*$ 的一个特征值．

15. 求解非齐次线性方程组 $\begin{cases} x_1+5x_2-x_3-x_4=-1 \\ x_1-2x_2+x_3+3x_4=3 \\ 3x_1+8x_2-x_3+x_4=1 \\ x_1-9x_2+3x_3+7x_4=7 \end{cases}$．

16. 设 $\boldsymbol{A}=\begin{pmatrix}2&0&0\\0&3&1\\0&1&3\end{pmatrix}$，求正交矩阵 $\boldsymbol{P}$，使得 $\boldsymbol{P}^{\mathrm{T}}\boldsymbol{A}\boldsymbol{P}$ 为对角阵．

四、证明题（10 分）

17. 设 λ_1，λ_2 是方阵 $\boldsymbol{A}$ 的两个不同特征值，$\boldsymbol{\alpha}_1$，$\boldsymbol{\alpha}_2$ 是属于 λ_1 的线性无关的特征向量，$\boldsymbol{\alpha}_3$，$\boldsymbol{\alpha}_4$ 是属于 λ_2 的线性无关的特征向量，证明 $\boldsymbol{\alpha}_1$，$\boldsymbol{\alpha}_2$，$\boldsymbol{\alpha}_3$，$\boldsymbol{\alpha}_4$ 线性无关．

参 考 答 案

第一章　行　列　式

习题 1-1　排列与 n 阶行列式的概念

一、1. 120　2. 8　3. 8, 6　4. 4, 1　5. $\frac{n(n-1)}{2}-k$

6. 24, 2022　7. 384

二、(1) -1　(2) $n-2$　(3) $3abc-a^3-b^3-c^3$　(4) $(a-b)(b-c)(c-a)$

三、(1) $a_1a_2a_3a_4a_5$　(2) $(a_1c_c-a_2c_1)(b_1d_2-b_2d_1)$　(3) $(-1)^{\frac{(n-1)(n-2)}{2}}n!$

四、-12, 12.

五、略.

习题 1-2　行列式的性质

一、1. 12246000　2. 2000　3. 1　4. $\frac{2}{3}$　5. $(-1)^{\frac{n(n-1)}{2}}D$

二、(1) -9　(2) $4abcdef$　(3) -8　(4) $\frac{x_1x_2x_3+a_1x_2x_3+a_1a_2x_3+a_1a_2a_3}{x_1x_2x_3}$

(5) $(-1)^{n-1}(n-1)$　(6) $\left(x_0-\sum_{i=1}^{n}\frac{1}{x_i}\right)\prod_{i=1}^{n}x_i$

三、略.

习题 1-3　行列式按行（列）展开

一、1. 31　2. -15　3. 89/5　4. 12　5. 0, 0

二、(1) 0　(2) $-(ad-bc)^2$　(3) $(a+b+c)(c-b)(c-a)(b-a)$

(4) $1-a+a^2-a^3+a^4-a^5$　(5) $(1+a_1)a_2a_3\cdots a_n\sum_{i=2}^{n}\frac{a_1}{a_i}$　(6) $-2(n-2)!$

三、(1) -4; (2) 0.

习题 1-4　克拉默法则

一、1. $\lambda\neq1$ 且 $\lambda\neq-2$　2. 2　3. 2 或 1　4. 0　5. $a\neq b$ 且 $a\neq-\frac{b}{4}$

二、(1) $x_1=1$, $x_2=2$, $x_3=3$, $x_4=-1$

(2) $x_1=\frac{1\,507}{665}$, $x_2=\frac{-1\,145}{665}$, $x_3=\frac{703}{665}$, $x_4=\frac{-395}{665}$, $x_5=\frac{212}{665}$

三、$a=4$.

四、略.

自测题一

一、1. 负号　2. $a_{11}a_{23}a_{34}a_{42}$ 与 $-a_{11}a_{23}a_{32}a_{44}$　3. 5　4. 0

5. 2　6. a^4-4a^2

二、1. D　2. C　3. B　4. D　5. A

三、(1) -9　(2) x^2y^2　(3) $(a+b+c+d)(d-a)(d-b)(d-c)(c-a)(c-b)(b-a)$

(4) $1+\sum_{i=1}^{n}x_i^2$　(5) $\dfrac{(x+a)^n(x-a)^n}{2}$

四、$k=2$, 5, 8.

五、略.

第二章　矩　阵

习题 2-1　矩阵的概念与运算

一、1. $\begin{pmatrix}1&2\\4&7\end{pmatrix}$　2. $\begin{pmatrix}3&-2\\1&2\\4&-4\end{pmatrix}$　3. $4\cdot 3^n$　4. 6　5. $\begin{pmatrix}-2&0\\1&1\end{pmatrix}$

6. $\boldsymbol{A}^{\mathrm{T}}=\boldsymbol{A}$；$\boldsymbol{A}^{\mathrm{T}}=-\boldsymbol{A}$

二、(1) 10　(2) $10^{n-1}\begin{pmatrix}3&6&9\\2&4&6\\1&2&3\end{pmatrix}$.

三、(1) $\begin{pmatrix}3&6&9\\2&4&6\\1&2&3\end{pmatrix}$，$\boldsymbol{BA}$ 的各行、各列之间均成比例　(2) $8^{n-1}\begin{pmatrix}1&2&3\\2&4&6\\1&2&3\end{pmatrix}$.

四、$\begin{pmatrix}6&-7&8\\20&-3&6\end{pmatrix}$.

五、32.

六、$\begin{pmatrix}\lambda_1^3+2\lambda_1+1&&&\\&\lambda_2^3+2\lambda_2+1&&\\&&\ddots&\\&&&\lambda_n^3+2\lambda_n+1\end{pmatrix}$，$\begin{pmatrix}f(\lambda_1)&&&\\&f(\lambda_2)&&\\&&\ddots&\\&&&f(\lambda_n)\end{pmatrix}$，

其中 $f(\lambda)=a_n\lambda^n+a_{n-1}\lambda^{n-1}+\cdots+a_0$

七、$\boldsymbol{\Lambda}_3^2=\begin{pmatrix}0&0&1\\&0&0\\&&0\end{pmatrix}$，$\boldsymbol{\Lambda}_3^3=\boldsymbol{O}$，$\boldsymbol{A}^{100}=\lambda^{98}\begin{pmatrix}\lambda^2&100\lambda&4\,950\\0&\lambda^2&100\lambda\\0&0&\lambda^2\end{pmatrix}$

八、$a_{11}x_1^2+a_{22}x_2^2+a_{33}x_3^2+2a_{12}x_1x_2+2a_{13}x_1x_3+2a_{23}x_2x_3$，$x_ix_j$ 的系数 a_{ij} 位于中间方阵的第 i 行第 j 列和第 j 行第 i 列；$x_1^2+2x_2^2+3x_3^2+x_1x_2+3x_1x_3+5x_2x_3$.

九、略.

习题 2-2　逆　矩　阵

一、1. $\boldsymbol{B}$，$|\boldsymbol{A}|\neq 0$，非奇异　2. -4　3. $\boldsymbol{A}+\boldsymbol{E}$，$\dfrac{\boldsymbol{A}-2\boldsymbol{E}}{3}$

4. 唯一零, $\boldsymbol{x}=\boldsymbol{A}^{-1}\boldsymbol{b}$, -3

二、(1) $\begin{pmatrix} 5 & -2 \\ -2 & 1 \end{pmatrix}$ (2) $\begin{pmatrix} \cos\theta & \sin\theta \\ -\sin\theta & \cos\theta \end{pmatrix}$ (3) $\begin{pmatrix} -2 & 1 & 0 \\ -\frac{13}{2} & 3 & -\frac{1}{2} \\ -16 & 7 & -1 \end{pmatrix}$

(4) $\begin{pmatrix} \frac{1}{a_1} & & & \\ & \frac{1}{a_2} & & \\ & & \ddots & \\ & & & \frac{1}{a_n} \end{pmatrix}$

三、$x_1=1$, $x_2=-1$, $x_3=0$.

四、$\begin{pmatrix} -2 & 2 & 1 \\ -\frac{8}{3} & 5 & -\frac{2}{3} \end{pmatrix}$.

五、$\begin{pmatrix} 3 & & \\ & 2 & \\ & & 1 \end{pmatrix}$.

六、略.

七、$\boldsymbol{A}^{-1}=\frac{1}{2}(\boldsymbol{A}-\boldsymbol{E})$, $(\boldsymbol{A}+2\boldsymbol{E})^{-1}=\frac{1}{4}(3\boldsymbol{E}-\boldsymbol{A})$.

八、$-\frac{16}{27}$.

九、$\frac{1}{3}\begin{pmatrix} 2^{11}-1 & 2^{11}-4 \\ 1-2^{11} & 4-2^{11} \end{pmatrix}$.

十、$\begin{pmatrix} -377 & 189 \\ -882 & 442 \end{pmatrix}$.

习题 2-3 分 块 矩 阵

一、1. -4, $\begin{pmatrix} -2 & 1 & 0 & 0 \\ \frac{3}{2} & -\frac{1}{2} & 0 & 0 \\ 0 & 0 & \frac{1}{2} & 0 \\ 0 & 0 & 0 & 1 \end{pmatrix}$ 2. $\begin{pmatrix} \boldsymbol{O} & \boldsymbol{B}^{-1} \\ \boldsymbol{A}^{-1} & \boldsymbol{O} \end{pmatrix}$

3. 4, $(-1)^4$, $\begin{pmatrix} 0 & 0 & -2 & 1 \\ 0 & 0 & \frac{3}{2} & -\frac{1}{2} \\ 1 & 0 & 0 & 0 \\ 0 & \frac{1}{2} & 0 & 0 \end{pmatrix}$

4. $(-1)^{mn}2^n ab$，$\begin{pmatrix} \boldsymbol{O} & \boldsymbol{B}^{-1} \\ \frac{1}{2}\boldsymbol{A}^{-1} & \boldsymbol{O} \end{pmatrix}$

5. $|\boldsymbol{A}||\boldsymbol{B}|$，$\begin{pmatrix} \boldsymbol{A}^{-1} & -\boldsymbol{A}^{-1}\boldsymbol{C}\boldsymbol{B}^{-1} \\ \boldsymbol{O} & \boldsymbol{B}^{-1} \end{pmatrix}$，$\begin{pmatrix} |\boldsymbol{B}|\boldsymbol{A}^{*} & -\boldsymbol{A}^{*}\boldsymbol{C}\boldsymbol{B}^{*} \\ \boldsymbol{O} & |\boldsymbol{A}|\boldsymbol{B}^{*} \end{pmatrix}$.

二、$\begin{pmatrix} \frac{1}{5} & 0 & 0 \\ 0 & 1 & -1 \\ 0 & -2 & 3 \end{pmatrix}$.

三、$\begin{pmatrix} 0 & 0 & \frac{3}{2} & \frac{1}{2} \\ 0 & 0 & -1 & 0 \\ \frac{2}{3} & -\frac{1}{3} & 0 & 0 \\ -\frac{1}{2} & \frac{1}{2} & 0 & 0 \end{pmatrix}$.

四、$\begin{pmatrix} 0 & 0 & \cdots & 0 & \frac{1}{a_n} \\ \frac{1}{a_1} & 0 & \cdots & 0 & 0 \\ 0 & \frac{1}{a_2} & \cdots & 0 & 0 \\ \vdots & \vdots & & \vdots & \vdots \\ 0 & 0 & \cdots & \frac{1}{a_{n-1}} & 0 \end{pmatrix}$.

五、10^{16}，$\begin{pmatrix} 5^4 & 0 & 0 & 0 \\ 0 & 5^4 & 0 & 0 \\ 0 & 0 & 2^4 & 0 \\ 0 & 0 & 2^6 & 2^4 \end{pmatrix}$.

自测题二

一、1. B　2. B　3. C　4. D　5. A

二、1. 1，2　2. 3^{n+1}　3. $\begin{pmatrix} -\frac{1}{2} & 0 \\ \frac{1}{2} & 1 \end{pmatrix}$，$\begin{pmatrix} -\frac{1}{2} & 0 \\ \frac{1}{2} & 1 \end{pmatrix}$　4. $\begin{pmatrix} -2 & 1 \\ 0 & 1 \end{pmatrix}$，$\begin{pmatrix} -2 & 1 \\ 0 & 1 \end{pmatrix}$

5. $\boldsymbol{A}^{-1} = \begin{pmatrix} 3 & -1 & 0 & 0 \\ -5 & 2 & 0 & 0 \\ 0 & 0 & \frac{1}{2} & -\frac{1}{2} \\ 0 & 0 & -\frac{1}{2} & \frac{3}{2} \end{pmatrix}$

三、$\begin{pmatrix} 27 & -16 & 6 \\ 8 & -5 & 2 \\ -5 & 3 & -1 \end{pmatrix}$.

四、$\begin{pmatrix} 5 & -2 & -1 \\ -2 & 2 & 0 \\ -1 & 0 & 1 \end{pmatrix}$.

五、$9^{n-1}\begin{pmatrix} 1 & 2 & 3 \\ 1 & 2 & 3 \\ 2 & 4 & 6 \end{pmatrix}$.

六、$\begin{pmatrix} a^n & na^{n-1}b \\ 0 & a^n \end{pmatrix}$.

七、$\begin{pmatrix} 2^{2021}-1 & 1-2^{2020} \\ 2^{2021}-2 & 2-2^{2020} \end{pmatrix}$.

八、$x_1=0$，$x_2=-2$，$x_3=-5$.

九、$|\boldsymbol{A}+\boldsymbol{E}|=0$.

十、(1) 略;

(2) $\begin{pmatrix} 0 & 2 & 0 \\ -1 & -1 & 0 \\ 0 & 0 & 2 \end{pmatrix}$.

第三章 消元法与初等变换

习题 3-1 矩阵的初等变换及初等矩阵

一、1. 左, m；右, n　2. 第 2 行乘以 2 倍　3. $\begin{pmatrix} b_{21} & b_{23} & b_{22} \\ b_{11} & b_{13} & b_{12} \\ b_{31} & b_{33} & b_{32} \end{pmatrix}$

4. $\begin{pmatrix} 1 & 0 & 2 & 1 \\ 0 & 1 & \frac{1}{2} & \frac{3}{2} \\ 0 & 0 & 0 & 0 \end{pmatrix}$　5. $\begin{pmatrix} 0 & 3 & 0 \\ 1 & 0 & 0 \\ 0 & -2 & 1 \end{pmatrix}$, $\boldsymbol{E}[2(2),3]\boldsymbol{E}\left[2\left(\frac{1}{3}\right)\right]\boldsymbol{E}[1,2]$

二、(1) $\begin{pmatrix} 1 & 0 & 0 & 0 \\ 0 & 0 & 1 & 0 \\ 0 & 0 & 0 & 1 \end{pmatrix}$　(2) $\begin{pmatrix} 0 & 1 & 0 & 5 \\ 0 & 0 & 1 & 3 \\ 0 & 0 & 0 & 0 \end{pmatrix}$

三、(1) $\boldsymbol{A}=\boldsymbol{E}[1(2),2]\boldsymbol{E}[2,3]\boldsymbol{E}[2(-1)]\boldsymbol{E}[3(-1)]$；

$\boldsymbol{A}^{-1}=\boldsymbol{E}[3(-1)]\boldsymbol{E}[2(-1)]\boldsymbol{E}[2,3]\boldsymbol{E}[1(-2),2]$

(2) $\boldsymbol{A}=\boldsymbol{E}[1(a)]\boldsymbol{E}\left[2\left(\frac{1}{a}\right)\right]$；$\boldsymbol{A}^{-1}=\boldsymbol{E}[2(a)]\boldsymbol{E}\left[1\left(\frac{1}{a}\right)\right]$（注：答案不唯一）

四、(1) $A^{-1}=\frac{1}{5}\begin{pmatrix}-1 & -1 & 3\\ -4 & 1 & 7\\ -3 & 2 & 9\end{pmatrix}$ (2) $A^{-1}=\begin{pmatrix}\frac{1}{4} & \frac{1}{4} & \frac{1}{4} & \frac{1}{4}\\ \frac{1}{4} & \frac{1}{4} & -\frac{1}{4} & -\frac{1}{4}\\ \frac{1}{4} & -\frac{1}{4} & \frac{1}{4} & -\frac{1}{4}\\ \frac{1}{4} & -\frac{1}{4} & -\frac{1}{4} & \frac{1}{4}\end{pmatrix}=\frac{1}{4}A$

五、(1) 略; (2) $E[i,\ j]$.

习题 3-2 初等变换法求逆阵及消元法求解线性方程组

一、1. 一定有 2. $a_1+a_2+a_3+a_4=0$

3. $a\neq\frac{1}{2}$, $a=\frac{1}{2}$, $\begin{cases}x_1=-x_3+2\\ x_2=2\end{cases}$ (x_3 是自由未知量) 4. 无 5. 2

二、(1) $\begin{cases}x=-2z-1\\ y=z+2\end{cases}$ (z 是自由未知量)

(2) $\begin{cases}x_1=-2x_2+x_4\\ x_3=0\end{cases}$ (x_2, x_4 是自由未知量)

三、$a=-1$.

四、$a\neq 2$ 有解, 解 $\begin{pmatrix}x_1\\ x_2\\ x_3\\ x_4\end{pmatrix}=c\begin{pmatrix}-3\\ 0\\ 1\\ 1\end{pmatrix}+\begin{pmatrix}\frac{7a-10}{a-2}\\ \frac{2-2a}{a-2}\\ \frac{1}{a-2}\\ 0\end{pmatrix}$ (c 为常数).

五、$t\neq-2$ 无解; $t=-2$ 且 $p=-8$ 时, 解 $\begin{pmatrix}x_1\\ x_2\\ x_3\\ x_4\end{pmatrix}=c_1\begin{pmatrix}4\\ -2\\ 1\\ 0\end{pmatrix}+c_2\begin{pmatrix}-1\\ -2\\ 0\\ 1\end{pmatrix}+\begin{pmatrix}-1\\ 1\\ 0\\ 0\end{pmatrix}$ (c_1, c_2 为常数), $t=-2$ 且 $p\neq-8$ 时, 解 $\begin{pmatrix}x_1\\ x_2\\ x_3\\ x_4\end{pmatrix}=c\begin{pmatrix}-1\\ -2\\ 0\\ 1\end{pmatrix}+\begin{pmatrix}-1\\ 1\\ 0\\ 0\end{pmatrix}$ (c 为常数).

自测题三

一、1. D 2. C 3. B 4. B 5. C 6. A

二、1. $\begin{pmatrix}1 & 0 & -2 & 0\\ 0 & 1 & 0 & 0\\ 0 & 0 & 1 & 0\\ 0 & 0 & 0 & 1\end{pmatrix}$, $\begin{pmatrix}1 & 0 & 2 & 0\\ 0 & 1 & 0 & 0\\ 0 & 0 & 1 & 0\\ 0 & 0 & 0 & 1\end{pmatrix}$ 2. $\begin{pmatrix}1 & 0 & 0\\ 2 & 1 & 0\\ 0 & 0 & 1\end{pmatrix}$

3. 当 $m=2k(k\in\mathbb{N})$ 时，$\boldsymbol{A}=\begin{pmatrix}a_1 & a_2 & a_3\\ b_1 & b_2 & b_3\\ c_1 & c_2 & c_3\end{pmatrix}$；当 $m=2k+1(k\in\mathbb{N})$ 时，$\boldsymbol{A}=\begin{pmatrix}a_3 & a_2 & a_1\\ b_3 & b_2 & b_1\\ c_3 & c_2 & c_1\end{pmatrix}$

4. $a_3+a_4-a_1-a_2=0$　5. 1 或 -2

三、$\boldsymbol{AB}=\begin{pmatrix}0 & 3 & 1\\ -1 & 5 & 7\\ -2 & 14 & 8\end{pmatrix}$.

四、$\boldsymbol{A}^{-1}=\begin{pmatrix}1 & -4 & -3\\ 1 & -5 & -3\\ -1 & 6 & 4\end{pmatrix}$.

五、(1) $\boldsymbol{x}=\begin{pmatrix}2 & -23\\ 0 & 8\end{pmatrix}$　(2) $\boldsymbol{x}=\begin{pmatrix}\frac{11}{6} & \frac{1}{2} & 1\\ -\frac{1}{6} & -\frac{1}{2} & 0\\ \frac{2}{3} & 1 & 0\end{pmatrix}$

六、$\begin{pmatrix}x_1\\ x_2\\ x_3\\ x_4\end{pmatrix}=k_1\begin{pmatrix}-2\\ 1\\ 0\\ 0\end{pmatrix}+k_2\begin{pmatrix}1/2\\ 0\\ -1/2\\ 1\end{pmatrix}+\begin{pmatrix}-1\\ 0\\ 2\\ 0\end{pmatrix}$（$k_1$，$k_2$ 为常数）.

七、略.

八、当 $k=3$ 时，无解；当 $k\neq1$ 且 $k\neq3$ 时，有唯一解；当 $k=1$ 时，有无穷多解且 $\boldsymbol{x}=k\begin{pmatrix}1\\ -2\\ 1\end{pmatrix}+\begin{pmatrix}3\\ 2\\ 0\end{pmatrix}$（$k$ 为常数）.

第四章　向量与矩阵的秩

习题 4-1　向量与向量空间

一、1. (3, 0, 2)　2. $\frac{1}{2}$，$-\frac{9}{2}$　3. $\left(\frac{1}{3}, -\frac{5}{6}, -\frac{5}{6}\right)$

4. 不构成　5. $(\boldsymbol{\alpha}_1\ \ \boldsymbol{\alpha}_2\ \ \cdots\ \ \boldsymbol{\alpha}_n)$，$\begin{pmatrix}\boldsymbol{\beta}_1\\ \boldsymbol{\beta}_2\\ \vdots\\ \boldsymbol{\beta}_m\end{pmatrix}$

二、(1) V_1 构成向量空间, V_1 表示过原点的平面.

(2) V_2 不构成向量空间, V_2 表示过 (1, 0, 0), (0, 1, 0), (0, 0, 1) 三点的平面.

(3) V_3 构成向量空间, V_3 表示过原点的直线.

习题 4-2　向量组的线性相关性

一、1. 相关　　2. $a\neq1$, $a\neq2$　　3. 相关　　4. $\frac{8}{3}$

5. $-\boldsymbol{\alpha}_1-\boldsymbol{\alpha}_2+\boldsymbol{\alpha}_3$　　6. $lm+1\neq0$

二、(1) $b\neq2$, a 为任意实数;

(2) 当 $b=2$, $a\neq1$ 时, 唯一的表示为 $\boldsymbol{\beta}=2\boldsymbol{\alpha}_2-\boldsymbol{\alpha}_1$; 当 $b=2$, $a=1$ 时, 表示为 $\boldsymbol{\beta}=-(1+2k_2)\boldsymbol{\alpha}_1+(2+k_2)\boldsymbol{\alpha}_2+k_2\boldsymbol{\alpha}_3$, $k_2\in\mathbb{R}$.

三、(1) $a=-4$ 时, $\boldsymbol{\alpha}_1$, $\boldsymbol{\alpha}_2$ 线性相关; $a\neq-4$ 时, $\boldsymbol{\alpha}_1$, $\boldsymbol{\alpha}_2$ 线性无关.

(2) $a=-4$ 或 $a=\frac{3}{2}$ 时, $\boldsymbol{\alpha}_1$, $\boldsymbol{\alpha}_2$, $\boldsymbol{\alpha}_3$ 线性相关; $a\neq-4$ 且 $a\neq\frac{3}{2}$ 时, $\boldsymbol{\alpha}_1$, $\boldsymbol{\alpha}_2$, $\boldsymbol{\alpha}_3$ 线性无关;

(3) a 为任意实数, $\boldsymbol{\alpha}_1$, $\boldsymbol{\alpha}_2$, $\boldsymbol{\alpha}_3$, $\boldsymbol{\alpha}_4$ 线性相关.

四、(1) $\lambda\neq0$ 且 $\lambda\neq-3$; (2) $\lambda=0$.

五、略.

六、当 $a\neq\pm1$, $\boldsymbol{\beta}_3=\boldsymbol{\alpha}_1-\boldsymbol{\alpha}_2+\boldsymbol{\alpha}_3$; 当 $a=1$, $\boldsymbol{\beta}_3=(-2k+3)\boldsymbol{\alpha}_1+(k-2)\boldsymbol{\alpha}_2+k\boldsymbol{\alpha}_3$, k 为任意常数.

习题 4-3　向量组等价与极大无关组

一、1. 3　　2. 3　　3. 15, 5　　4. 1　　5. 2

6. 等价, 有相同的线性相关性　　7. (1, 1, -1)

二、等价

三、$k=1$

四、秩为 3, $\boldsymbol{\alpha}_1$, $\boldsymbol{\alpha}_2$, $\boldsymbol{\alpha}_4$ 为一个极大无关组.

五、(1) $a=1$;

(2) $\boldsymbol{\alpha}_1$, $\boldsymbol{\alpha}_2$, $\boldsymbol{\alpha}_3$ 为极大无关组, $\boldsymbol{\alpha}_4=\frac{1}{2}\boldsymbol{\alpha}_1+\frac{1}{2}\boldsymbol{\alpha}_2+0\cdot\boldsymbol{\alpha}_3$, $\boldsymbol{\alpha}_5=0\cdot\boldsymbol{\alpha}_1+\boldsymbol{\alpha}_2+\boldsymbol{\alpha}_3$.

六、略.

七、略.

习题 4-4　矩阵的秩

一、1. 2　　2. 0　　3. -3　　4. 3, 3　　5. $R(\boldsymbol{A})=R(\boldsymbol{B})$

6. 存在, 任何　　7. 2

二、(1) 3; (2) 第 1、2、4 列为矩阵 $\boldsymbol{A}$ 列向量组的一个极大线性无关组.

三、(1) $\boldsymbol{A}^{\mathrm{T}}=\begin{pmatrix}3&1&-1&4\\-7&-2&1&-11\\6&4&-10&-2\\1&-1&5&8\\5&3&-7&0\end{pmatrix}\rightarrow\begin{pmatrix}1&-1&5&8\\0&1&-4&-5\\0&0&0&0\\0&0&0&0\\0&0&0&0\end{pmatrix}$, 因此, 矩阵的秩

为 2；　　(2) 第 1，2 行向量为极大无关组 .

四、略.

五、略.

六、略.

七、略.

自测题四

一、1. 分量对应成比例　2. 线性无关　3. 5　4. $\frac{5}{2}$　5. 线性无关

6. n　7. 1　8. 0　9. 15，5

二、1. D　2. D　3. D　4. A　5. B　6. D

三、线性无关.

四、极大无关组为 $\boldsymbol{\alpha}_1$，$\boldsymbol{\alpha}_2$，向量组的秩为 2，$\boldsymbol{\alpha}_3=\frac{3}{2}\boldsymbol{\alpha}_1+\frac{5}{2}\boldsymbol{\alpha}_2$，$\boldsymbol{\alpha}_4=2\boldsymbol{\alpha}_1-3\boldsymbol{\alpha}_2$.

五、$a=1$.

六、$\boldsymbol{\alpha}_1$，$\boldsymbol{\alpha}_2$，$\boldsymbol{\alpha}_3$ 是为 R^3 的一个基，$(\boldsymbol{\beta}_1,\ \boldsymbol{\beta}_2)=(\boldsymbol{\alpha}_1,\ \boldsymbol{\alpha}_2,\ \boldsymbol{\alpha}_3)\begin{pmatrix}\frac{2}{3} & \frac{4}{3}\\ -\frac{2}{3} & 1\\ 1 & \frac{2}{3}\end{pmatrix}$.

七、略.

八、略.

第五章　线性方程组

习题 5-1　齐次线性方程组的解空间与基础解系

一、1. 2，2，2　2. $k(1,\ 1,\ \cdots,\ 1)^{\mathrm{T}}$ (k 为任意实数)　3. $n-2$

4. -3　5. $\lambda\neq-2$ 且 $\lambda\neq1$　6. 2

二、基础解系为 $\boldsymbol{\xi}_1=(-1,\ 1,\ 0,\ 0,\ 0)^{\mathrm{T}}$，$\boldsymbol{\xi}_2=(-1,\ 0,\ -1,\ 0,\ 1)^{\mathrm{T}}$ (注：基础解系不唯一)，通解为 $\boldsymbol{x}=k_1(-1,\ 1,\ 0,\ 0,\ 0)^{\mathrm{T}}+k_2(-1,\ 0,\ -1,\ 0,\ 1)^{\mathrm{T}}$ (k_1，k_2 为任意实数)

三、$\boldsymbol{B}=\begin{pmatrix}1 & -1 & 0\\ -1 & 1 & 1\\ 0 & 0 & -1\end{pmatrix}$ (注：$\boldsymbol{B}$ 不唯一) .

四、略 .

五、略 .

六、略 .

习题 5-2　非齐次线性方程组解的结构

一、1. 1　2. 0　3. $k(\boldsymbol{\xi}_1-\boldsymbol{\xi}_2)+\boldsymbol{\xi}_2$ (k 为任意实数)　4. $(1,\ 0,\ 0,\ 0,\ 0)^{\mathrm{T}}$

5. $a_1+a_2+a_3+a_4=0$　　6. 1

二、$\boldsymbol{x}=k_1(-8,\ -13,\ 1,\ 0)^{\mathrm{T}}+k_2(5,\ -9,\ 0,\ 1)^{\mathrm{T}}+(-1,\ -3,\ 0,\ 0)^{\mathrm{T}}$（$k_1$，$k_2$为任意常数）.

三、(1) 当$t\neq-2$时，无解；当$t=-2$时，有解；

(2) $p=-8$时，无穷多解，此时通解为$\boldsymbol{x}=k_1(4,\ -2,\ 1,\ 0)^{\mathrm{T}}+k_2(-1,\ -2,\ 0,\ 1)^{\mathrm{T}}+(-1,\ 1,\ 0,\ 0)^{\mathrm{T}}$，其中$k_1$，$k_2$为任意实数；

(3) $p\neq-8$时，无穷多解，此时通解为$\boldsymbol{x}=k(-1,\ -2,\ 0,\ 1)^{\mathrm{T}}+(-1,\ 1,\ 0,\ 0)^{\mathrm{T}}$，其中$k$为任意实数.

四、$\boldsymbol{x}=k(1,\ -2,\ 1,\ 0)^{\mathrm{T}}+(1,\ 1,\ 1,\ 1)^{\mathrm{T}}$（$k$为任意实数）.

五、略.

六、(1) 略；

(2) $a=2$，$b=-3$，通解为$\boldsymbol{x}=k_1(-2,\ 1,\ 1,\ 0)^{\mathrm{T}}+k_2(4,\ -5,\ 0,\ 1)^{\mathrm{T}}+(2,\ -3,\ 0,\ 0)^{\mathrm{T}}$（$k_1$，$k_2$为任意实数）.

七、(1) $\lambda=-1$，$a=-2$；

(2) $\boldsymbol{x}=\dfrac{1}{2}\begin{pmatrix}3\\-1\\0\end{pmatrix}+k\begin{pmatrix}1\\0\\1\end{pmatrix}$.

自测题五

一、1. $n-1$　　2. $\boldsymbol{\alpha}_1$，$\boldsymbol{\alpha}_2$，$\boldsymbol{\alpha}_3$　　3. $r<n$　　4. -2　　5. $k\neq0$且$k\neq-3$

二、1. C　　2. A　　3. A　　4. D　　5. A　　6. C

三、$\boldsymbol{x}=k_1(2,\ 1,\ 0,\ 0,\ 0)^{\mathrm{T}}+k_2(-3,\ 0,\ -1,\ 1,\ 0)^{\mathrm{T}}+k_3(4,\ 0,\ 1,\ 0,\ 1)^{\mathrm{T}}$（$k_1$，$k_2$，$k_3$为任意实数）

四、$\boldsymbol{x}=k_1(2,\ 1,\ 0,\ 0)^{\mathrm{T}}+k_2(-1,\ 0,\ 1,\ 0)^{\mathrm{T}}+(0,\ 0,\ 0,\ 1)^{\mathrm{T}}$（$k_1$，$k_2$为任意常数）

五、$a=1$或$a=2$. 当$a=1$时，公共解为$\boldsymbol{x}=k(-1,\ 0,\ 1)^{\mathrm{T}}$（$k$为任意实数）；当$a=2$时，公共解为$\boldsymbol{x}=(0,\ 1,\ -1)^{\mathrm{T}}$.

六、通解为$\boldsymbol{x}=k(2,\ -3,\ 5)^{\mathrm{T}}+(1,\ -1,\ 1)^{\mathrm{T}}$（$k$为任意实数）.

七、$a=0$.

第六章　特征值与特征向量

习题 6-1　矩阵的特征值与特征向量

一、1. $k\lambda_i$；λ_i^k；$\dfrac{1}{\lambda_i}(i=1,\ 2,\ 3,\ \cdots,\ n)$　　2. -80　　3. 5

4. $\dfrac{1}{6}$，$-\dfrac{1}{6}$，$-\dfrac{1}{3}$　　5. 1　　6. 0

二、特征值为：$\lambda_1=\lambda_2=4$，$\lambda_3=2$，对应的特征向量依次为：$k(1,\ -1,\ 1)^{\mathrm{T}}$，$k(0,\ -1,\ 1)^{\mathrm{T}}(k\neq0)$.

三、(1) $\lambda_1 = 2, \lambda_2 = 1, \lambda_3 = 5$;

(2) $\frac{7}{2}$, 6, 2.

四、(1) 特征值为：0, 1; (2) 略.

五、$4(3, 4, 5)^T$.

六、(1) $\boldsymbol{\beta} = 2\boldsymbol{\alpha}_1 - 2\boldsymbol{\alpha}_2 + \boldsymbol{\alpha}_3$; (2) $\boldsymbol{A}^n\boldsymbol{\beta} = (2-2^{n+1}+3^n, 2-2^{n+2}+3^{n+1}, 2-2^{n+3}+3^{n+2})^T$.

七、$a = 2, b = 1, \lambda = 1$ 或 $a = 2, b = -2, \lambda = 4$.

习题 6-2 相似矩阵和矩阵的对角化

一、1. $n!$　2. $2\boldsymbol{E}$　3. $(1, 1, 2)^T$　4. -3　5. $\frac{3}{4}$　6. $\begin{pmatrix} 3^n & 0 & 0 \\ 0 & 2^n & 0 \\ 0 & 0 & 4^n \end{pmatrix}$

二、$a = -1$.

三、$\frac{1}{2}\begin{pmatrix} 1+3^n & 1-3^n \\ 1-3^n & 1+3^n \end{pmatrix}$.

四、-288, -72.

五、略.

六、略.

七、(1) 略;

(2) $\boldsymbol{P}^{-1}\boldsymbol{A}\boldsymbol{P} = \begin{pmatrix} 0 & 6 \\ 1 & -1 \end{pmatrix}$, $\boldsymbol{A}$ 相似于对角矩阵.

习题 6-3 正交矩阵的概念与性质

一、1. -1　2. ± 1　3. -1　4. 2　5. $\frac{1}{3}$; 0

二、$\frac{1}{\sqrt{3}}(1, -1, -1)^T$, $\frac{1}{\sqrt{78}}(2, -5, 7)^T$, $\frac{1}{\sqrt{26}}(4, 3, 1)^T$.

三、$\frac{1}{\sqrt{2}}(1, 0, -1)^T$.

四、略.

五、略.

习题 6-4 实对称矩阵正交对角化

一、1. 正交　2. $\boldsymbol{E}$　3. 4

二、$\boldsymbol{A} = \begin{pmatrix} 1 & 0 & 0 \\ 0 & 0 & -1 \\ 0 & -1 & 0 \end{pmatrix}$.

三、$\begin{pmatrix} \frac{1}{\sqrt{2}} & -\frac{1}{\sqrt{6}} & \frac{1}{\sqrt{3}} \\ \frac{1}{\sqrt{2}} & \frac{1}{\sqrt{6}} & -\frac{1}{\sqrt{3}} \\ 0 & \frac{1}{\sqrt{6}} & \frac{1}{\sqrt{3}} \end{pmatrix}$.

四、(1) $(0, 1, 1)^T$；(2) $\begin{pmatrix} 1 & 0 & 0 \\ 0 & \frac{3}{2} & \frac{1}{2} \\ 0 & \frac{1}{2} & \frac{3}{2} \end{pmatrix}$.

五、(1) 对应于 0 的特征向量：$c_1\boldsymbol{\alpha}_1 + c_2\boldsymbol{\alpha}_2$，属于 3 的特征向量：$c_3(1, 1, 1)^T$，其中 c_1，c_2，c_3 不都为 0；

(2) $\boldsymbol{Q} = \begin{pmatrix} \frac{\sqrt{3}}{3} & 0 & -\frac{\sqrt{6}}{3} \\ \frac{\sqrt{3}}{3} & -\frac{\sqrt{2}}{2} & \frac{\sqrt{6}}{6} \\ \frac{\sqrt{3}}{3} & \frac{\sqrt{2}}{2} & \frac{\sqrt{6}}{6} \end{pmatrix}$，$\boldsymbol{\Lambda} = \begin{pmatrix} 3 & & \\ & 0 & \\ & & 0 \end{pmatrix}$.

自测题六

一、1. A　2. D　3. B　4. D　5. C

二、1. 0　2. 1　3. 5　4. −72　5. 2

三、(1) $a = -3$，$b = 0$，$\lambda = -1$；(2) 3.

四、$\begin{pmatrix} 2^{20} & 0 & 0 \\ 2^{20} - 1 & 2^{20} & 1 - 2^{20} \\ 2^{20} - 1 & 0 & 1 \end{pmatrix}$.

五、$\begin{pmatrix} 1 & 0 & 0 \\ 0 & 4 & -2 \\ 0 & 10 & -5 \end{pmatrix}$.

六、$x = 2$，$y = -2$，$\boldsymbol{P} = \begin{pmatrix} -1 & 1 & \frac{1}{3} \\ 1 & 0 & -\frac{2}{3} \\ 0 & 1 & 1 \end{pmatrix}$.

七、$P=\begin{pmatrix} \frac{-2}{\sqrt{5}} & \frac{2}{3\sqrt{5}} & \frac{-1}{3} \\ \frac{1}{\sqrt{5}} & \frac{4}{3\sqrt{5}} & \frac{-2}{3} \\ 0 & \frac{5}{3\sqrt{5}} & \frac{2}{3} \end{pmatrix}$，$P^{T}AP=\begin{pmatrix} 1 & & \\ & 1 & \\ & & 10 \end{pmatrix}$.

八、略.

第七章　二　次　型

习题 7-1　实二次型概念与标准形

一、1. $(x_1 \quad x_2 \quad x_3)\begin{pmatrix} 0 & 2 & 1 \\ 2 & 7 & 2 \\ 1 & 2 & 1 \end{pmatrix}\begin{pmatrix} x_1 \\ x_2 \\ x_3 \end{pmatrix}$　　2. $\begin{pmatrix} -1 & \frac{1}{2} & 0 \\ \frac{1}{2} & 2 & 0 \\ 0 & 0 & -1 \end{pmatrix}$

3. $-x_1^2+x_1x_2+2x_1x_3+6x_2x_3+2x_3^2$

二、3.

习题 7-2　化实二次型为标准形

一、1. 0　　2. $f=7y_1^2+2y_1^2-3y_1^2$

二、$P^{T}AP=\begin{pmatrix} \frac{1}{3} & \frac{-2}{\sqrt{5}} & \frac{-2}{\sqrt{45}} \\ \frac{2}{3} & \frac{1}{\sqrt{5}} & \frac{-4}{\sqrt{45}} \\ \frac{2}{3} & 0 & \frac{5}{\sqrt{45}} \end{pmatrix}^{T}\begin{pmatrix} 17 & -2 & -2 \\ -2 & 14 & -4 \\ -2 & -4 & 14 \end{pmatrix}\begin{pmatrix} \frac{1}{3} & \frac{-2}{\sqrt{5}} & \frac{-2}{\sqrt{45}} \\ \frac{2}{3} & \frac{1}{\sqrt{5}} & \frac{-4}{\sqrt{45}} \\ \frac{2}{3} & 0 & \frac{5}{\sqrt{45}} \end{pmatrix}=\begin{pmatrix} 9 & & \\ & 18 & \\ & & 18 \end{pmatrix}$.

三、$\alpha=\beta=0$；$P=\begin{pmatrix} -\frac{1}{\sqrt{2}} & 0 & \frac{1}{\sqrt{2}} \\ 0 & 1 & 0 \\ \frac{1}{\sqrt{2}} & 0 & \frac{1}{\sqrt{2}} \end{pmatrix}$.

四、$f=-16y_1^2+16y_2^2+4y_3^2$.

五、(1) $\begin{cases} a=4 \\ b=1 \end{cases}$；　　(2) $Q=\frac{1}{5}\begin{pmatrix} 4 & -3 \\ -3 & -4 \end{pmatrix}$.

习题 7-3　实二次型的正惯性指数

一、1. 2　　2. 4　　3. $z_1^2-z_2^2-z_3^2$　　4. $y_1^2+y_2^2+y_3^2-y_4^2$

二、(1) $\lambda_1=a$，$\lambda_2=a-2$，$\lambda_3=a+1$；　　(2) $a=2$.

习题 7-4　正定二次型

一、1. $|t| < \frac{\sqrt{2}}{2}$　　2. 负　　3. 负定　　4. 零解

二、(1) 正定; (2) 正定.

三、(1) $-2 < a < 1$; (2) $p = 3$, $q = 0$.

四、略.

五、(1) $A = \frac{1}{2}\begin{pmatrix} 1 & 0 & -1 \\ 0 & 2 & 0 \\ -1 & 0 & 1 \end{pmatrix}$; (2) 略.

自测题七

一、1. D　　2. D　　3. B　　4. C　　5. C

二、1. $x^2 + 2y^2 + 3z^2 + 8xz - 2yz$　　2. $\begin{pmatrix} 1 & 1 & -2 \\ 1 & 1 & 0 \\ -2 & 0 & 1 \end{pmatrix}$　　3. $a > 1$

三、$f = -2y_1^2 + y_2^2 + 4y_3^2$.

四、略.

五、(1) −2, −2, 0; (2) $k > 2$.

六、(1) $a = -\frac{1}{2}$; (2) $P = \begin{pmatrix} 1 & 2 & \frac{2}{\sqrt{3}} \\ 0 & 1 & \frac{4}{\sqrt{3}} \\ 0 & 1 & 0 \end{pmatrix}$.

综合模拟测试题一

1. 2

2. −1

3. $P^{-1} = E(1, 3)\,E\left(1\left(\frac{1}{5}\right)\right)E(3(-1), 2)$

4. $\frac{13}{2}$

5. $\begin{pmatrix} 0 & 1 & 0 \\ 1 & 5 & -9 \\ 0 & -9 & -7 \end{pmatrix}$

6. 124.

7. 875.

8. 极大无关组为 $\boldsymbol{\alpha}_1$，$\boldsymbol{\alpha}_2$，$\boldsymbol{\alpha}_4$，$\boldsymbol{\alpha}_3=\frac{1}{3}\boldsymbol{\alpha}_1+\frac{2}{3}\boldsymbol{\alpha}_2$，$\boldsymbol{\alpha}_5=\frac{16}{9}\boldsymbol{\alpha}_1-\frac{1}{9}\boldsymbol{\alpha}_2-\frac{1}{3}\boldsymbol{\alpha}_4$.

9. $\boldsymbol{A}^{-1}=\begin{pmatrix}-1&-2&0&0\\3&5&0&0\\0&0&2&1\\0&0&-\frac{5}{4}&-\frac{1}{2}\end{pmatrix}$

10. 当 $a=5$ 时，无解；当 $a\neq5$ 且 $a\neq-2$ 时，有唯一解；当 $a=-2$ 时，有无穷解，即通解为 $\boldsymbol{x}=k\begin{pmatrix}-13\\-5\\1\end{pmatrix}+\begin{pmatrix}9\\5\\0\end{pmatrix}$.

11. $\boldsymbol{P}=\begin{pmatrix}\frac{-2}{\sqrt{5}}&\frac{2}{3\sqrt{5}}&-\frac{1}{3}\\\frac{1}{\sqrt{5}}&\frac{4}{3\sqrt{5}}&-\frac{2}{3}\\0&\frac{\sqrt{5}}{3}&\frac{2}{3}\end{pmatrix}$，使得 $\boldsymbol{P}^{\mathrm{T}}\boldsymbol{AP}=\boldsymbol{\Lambda}=\begin{pmatrix}-1&&\\&-1&\\&&8\end{pmatrix}$.

12. 0

13. $(\boldsymbol{A}+5\boldsymbol{E})^{-1}=\boldsymbol{A}-3\boldsymbol{E}$.

14. 略.

综合模拟测试题二

1. D　2. C　3. C　4. D　5. A

6. $\begin{pmatrix}2&1&0\\1&-1&-3\\0&-3&1\end{pmatrix}$

7. 3

8. 1

9. $\begin{pmatrix}1&0&0\\2&1&0\\0&0&1\end{pmatrix}$

10. $\begin{pmatrix}1&0&0\\0&\frac{1}{2}&0\\0&0&\frac{1}{3}\end{pmatrix}$

11. −27.

12. $\boldsymbol{B}=\begin{pmatrix}0 & 3 & 3\\ -1 & 2 & 3\\ 1 & 1 & 0\end{pmatrix}$.

13. 当 $\lambda\neq 1$ 时，其增广矩阵 $\overline{\boldsymbol{A}}$ 的秩为 $R(\overline{\boldsymbol{A}})=3$，此时原线性方程组无解．

当 $\lambda=1$ 时，$R(\overline{\boldsymbol{A}})=R(\boldsymbol{A})=2$，故线性方程组有解．

有 $\begin{pmatrix}x_1\\ x_2\\ x_3\end{pmatrix}=k\begin{pmatrix}-1\\ 2\\ 1\end{pmatrix}+\begin{pmatrix}1\\ -1\\ 0\end{pmatrix}$，其中 k 是任意实数．

14. $a=\dfrac{7}{3}$.

15. $\boldsymbol{A}$ 的特征值为 $\lambda_1=-2$，$\lambda_2=\lambda_3=1$.

$\boldsymbol{\xi}_1=(-1,\ -1,\ 1)^{\mathrm{T}}$，知 $k_1\boldsymbol{\xi}_1(k_1\neq 0)$ 为对应 -2 的所有特征向量，$\boldsymbol{\xi}_2=(-1,\ 1,\ 0)^{\mathrm{T}}$，$\boldsymbol{\xi}_3=(1,\ 0,\ 1)^{\mathrm{T}}$，知 $k_2\boldsymbol{\xi}_2+k_3\boldsymbol{\xi}_3(k_2,\ k_3$ 不全为0) 为对应 1 的所有特征向量．

16. $\boldsymbol{\alpha}_1$，$\boldsymbol{\alpha}_2$，$\boldsymbol{\alpha}_4$ 为一个极大无关组，且 $\boldsymbol{\alpha}_3=-\boldsymbol{\alpha}_1-\boldsymbol{\alpha}_2$.

17. 略.

18. 略.

综合模拟测试题三

1. D　2. C　3. C　4. B　5. A

6. 1

7. 21

8. $\begin{pmatrix}1 & -1 & 0\\ -1 & 1 & 3\\ 0 & 3 & 1\end{pmatrix}$

9. 0

10. $\begin{pmatrix}1 & 0\\ n\lambda & 1\end{pmatrix}$

11. 24.

12. (1) 行最简形为 $\begin{pmatrix}1 & 0 & -1\\ 0 & 1 & -1\\ 0 & 0 & 0\end{pmatrix}$，　$R(\boldsymbol{A})=2$；

(2) $\boldsymbol{B}=\begin{pmatrix}3 & -1 & -1\\ 1 & 2 & -2\\ 4 & -6 & 3\end{pmatrix}$.

13. $\boldsymbol{\alpha}_1$，$\boldsymbol{\alpha}_2$，$\boldsymbol{\alpha}_3$ 构成极大无关组，且 $\boldsymbol{\alpha}_4=\boldsymbol{\alpha}_1+3\boldsymbol{\alpha}_2-\boldsymbol{\alpha}_3$，$\boldsymbol{\alpha}_5=-\boldsymbol{\alpha}_2+\boldsymbol{\alpha}_3$.

14. 方程组的通解为 $\boldsymbol{x}=(x_1,\ x_2,\ x_3,\ x_4)^{\mathrm{T}}=C_1(-9,\ 1,\ 7,\ 0)^{\mathrm{T}}+C_2(1,\ -1,\ 0,\ 2)^{\mathrm{T}}+(1,\ -2,\ 0,\ 0)^{\mathrm{T}}$（$C_1$，$C_2$为常数）.

15. $\boldsymbol{P}=\begin{pmatrix}\frac{1}{3}&\frac{2}{3}&\frac{2}{3}\\\frac{2}{3}&\frac{1}{3}&-\frac{2}{3}\\\frac{2}{3}&-\frac{2}{3}&\frac{1}{3}\end{pmatrix}$.

16. （1）$|\boldsymbol{A}^8|=1$;

（2）$\boldsymbol{A}^{-1}=\begin{pmatrix}1&-2&0&0\\-2&5&0&0\\0&0&2&-3\\0&0&-5&8\end{pmatrix}$.

17. 略.

18. 略.

综合模拟测试题四

1. D　2. A　3. D　4. C　5. A

6. $-\frac{1}{3}$

7. -3

8. $f(x_1,\ x_2,\ x_3)=(x_1\quad x_2\quad x_3)\begin{pmatrix}1&3&3\\3&1&3\\3&3&1\end{pmatrix}\begin{pmatrix}x_1\\x_2\\x_3\end{pmatrix}$

9. 2

10. -72

11. 18.

12. $\boldsymbol{A}^n=3^{n-1}\begin{pmatrix}1&\frac{1}{2}&\frac{1}{3}\\2&1&\frac{2}{3}\\3&\frac{3}{2}&1\end{pmatrix}$.

13. $\boldsymbol{A}=\begin{pmatrix}1&0&0\\2&0&0\\6&-1&-1\end{pmatrix}$, $\boldsymbol{A}^5=\boldsymbol{A}=\begin{pmatrix}1&0&0\\2&0&0\\6&-1&-1\end{pmatrix}$.

14. $\begin{pmatrix}x_1\\x_2\\x_3\\x_4\end{pmatrix}=k_1\begin{pmatrix}1\\1\\0\\0\end{pmatrix}+k_2\begin{pmatrix}-1\\0\\2\\1\end{pmatrix}+\begin{pmatrix}-1\\0\\1\\0\end{pmatrix}$（$k_1$，$k_2$ 为常数）.

15. $\boldsymbol{e}_1=\left(\frac{1}{\sqrt{2}},\ 0,\ 0,\ -\frac{1}{\sqrt{2}}\right)^{\mathrm{T}}$, $\boldsymbol{e}_2=\left(0,\ -\frac{1}{\sqrt{2}},\ \frac{1}{\sqrt{2}},\ 0\right)^{\mathrm{T}}$,

$\boldsymbol{e}_3=\frac{1}{\sqrt{10}}(2,\ 1,\ 1,\ 2)^{\mathrm{T}}$.

16. $\boldsymbol{A}$ 的特征值为 $\lambda_1=1$，$\lambda_2=4$，$\lambda_3=-2$. 对于 $\lambda_1=1$, 特征向量为 $k_1(-2,-1,2)^{\mathrm{T}}$ $(k_1\neq 0)$； 对于 $\lambda_2=4$，特征向量为 $k_2(2,-2,2)^{\mathrm{T}}(k_2\neq 0)$； 对于 $\lambda_3=-2$，特征向量为 $k_3(1,2,2)^{\mathrm{T}}(k_3\neq 0)$.

17. 略.

综合模拟测试题五

1. C　　2. C　　3. D　　4. B　　5. C

6. $1+(-1)^{n+1}a_1a_2\cdots a_n$

7. $(x_1,\ x_2,\ x_3)\begin{pmatrix}1&-1&\frac{3}{2}\\-1&-2&4\\\frac{3}{2}&4&3\end{pmatrix}\begin{pmatrix}x_1\\x_2\\x_3\end{pmatrix}$

8. $\frac{1}{10}\begin{pmatrix}1&0&0\\3&2&0\\3&4&5\end{pmatrix}$

9. $-16/27$

10. $x=0$，$y=1$

11. $-2(x^3+y^3)$.

12. 通解为 $\boldsymbol{x}=k_1\begin{pmatrix}1\\-2\\1\\0\end{pmatrix}+k_2\begin{pmatrix}1\\-2\\0\\1\end{pmatrix}+\begin{pmatrix}-5\\3\\0\\0\end{pmatrix}$（$k_1$，$k_2$ 为任意实数）.

13. $\boldsymbol{A}^{-1}=\begin{pmatrix}1&-4&-3\\1&-5&-3\\-1&6&4\end{pmatrix}$.

14. 所求的正交规范化后的向量组为 $\left(\frac{2}{\sqrt{14}}, -\frac{1}{\sqrt{14}}, -\frac{3}{\sqrt{14}}\right)$，$\left(\frac{3}{\sqrt{973}}, \frac{30}{\sqrt{973}}, -\frac{8}{\sqrt{973}}\right)$，$\left(\frac{14}{\sqrt{278}}, \frac{1}{\sqrt{278}}, \frac{9}{\sqrt{278}}\right)$.

15. 特征值 $\lambda_1 = \lambda_2 = \lambda_3 = 1$.

对应 $\lambda_1 = \lambda_2 = \lambda_3 = 1$ 的全部特征向量是 $c_1\begin{pmatrix}3\\1\\1\end{pmatrix}$，其中 $c_1 \neq 0$.

16. $\boldsymbol{\alpha}_1$，$\boldsymbol{\alpha}_3$ 为列向量组的极大无关组，且 $\boldsymbol{\alpha}_2 = 2\boldsymbol{\alpha}_1$，$\boldsymbol{\alpha}_4 = \frac{1}{2}\boldsymbol{\alpha}_1 + \frac{1}{2}\boldsymbol{\alpha}_3$.

17. 略.

综合模拟测试题六

1. B　2. C　3. B　4. C　5. D

6. 2

7. 11

8. $5\boldsymbol{E}$

9. $(x_1, x_2, x_3)\begin{pmatrix}1 & 1 & -1/2\\1 & 0 & 0\\-1/2 & 0 & 2\end{pmatrix}\begin{pmatrix}x_1\\x_2\\x_3\end{pmatrix}$

10. -32

11. 135.

12. $\boldsymbol{AB} = \begin{pmatrix}0 & 3 & 1\\-1 & 5 & 7\\-2 & 14 & 8\end{pmatrix}$.

13. $\boldsymbol{\alpha}_1$，$\boldsymbol{\alpha}_2$ 可作为向量组的一个极大无关组，$r(\boldsymbol{\alpha}_1, \boldsymbol{\alpha}_2, \boldsymbol{\alpha}_3, \boldsymbol{\alpha}_4) = 2$，$\boldsymbol{\alpha}_3 = \frac{3}{2}\boldsymbol{\alpha}_1 - \frac{7}{2}\boldsymbol{\alpha}_2$，$\boldsymbol{\alpha}_4 = \boldsymbol{\alpha}_1 + 2\boldsymbol{\alpha}_2$.

14. $\boldsymbol{A}^{-1} = \begin{pmatrix}2 & -1 & 1\\4 & -2 & 1\\-3/2 & 1 & -1/2\end{pmatrix}$.

15. $\boldsymbol{P} = \begin{pmatrix}0 & 1 & 0\\\frac{1}{\sqrt{2}} & 0 & \frac{1}{\sqrt{2}}\\-\frac{1}{\sqrt{2}} & 0 & \frac{1}{\sqrt{2}}\end{pmatrix}$ 为所求正交矩阵.

16. 原方程组的通解是

$$\begin{pmatrix} x_1 \\ x_2 \\ x_3 \\ x_4 \end{pmatrix} = k_1 \begin{pmatrix} -2 \\ 1 \\ 0 \\ 0 \end{pmatrix} + k_2 \begin{pmatrix} 1/2 \\ 0 \\ -1/2 \\ 1 \end{pmatrix} + \begin{pmatrix} -1 \\ 0 \\ 2 \\ 0 \end{pmatrix} \quad (k_1,\ k_2 \text{ 为任意实数}).$$

17. 略.

综合模拟测试题七

1. D　2. D　3. B　4. C　5. C

6. 8

7. $-x_1^2 + x_2^2 + x_1x_2 + 6x_1x_3 + 4x_2x_3$

8. 5

9. 1

10. 2

11. $\boldsymbol{A}^{-1} = \begin{pmatrix} -1/4 & 3/8 & 0 & 0 & 0 \\ 2/1 & -1/4 & 0 & 0 & 0 \\ 0 & 0 & 1/3 & 0 & 0 \\ 0 & 0 & 0 & 5/32 & -1/32 \\ 0 & 0 & 0 & 1/16 & 3/16 \end{pmatrix}$.

12. 原方程组的解是

$$\begin{pmatrix} x_1 \\ x_2 \\ x_3 \\ x_4 \\ x_5 \end{pmatrix} = k_1 \begin{pmatrix} -1/2 \\ -1/2 \\ 1 \\ 0 \\ 0 \end{pmatrix} + k_2 \begin{pmatrix} 0 \\ -1 \\ 0 \\ 1 \\ 0 \end{pmatrix} + k_3 \begin{pmatrix} 2 \\ -3 \\ 0 \\ 0 \\ 1 \end{pmatrix} + \begin{pmatrix} -9/2 \\ 23/2 \\ 0 \\ 0 \\ 0 \end{pmatrix} \quad (k_1,\ k_2,\ k_3 \text{ 为任意实数}).$$

13. −8300.

14. $\boldsymbol{e}_1 = \left(\frac{1}{\sqrt{2}},\ 0,\ 0,\ \frac{1}{\sqrt{2}}\right)^{\mathrm{T}}$, $\boldsymbol{e}_2 = \left(0,\ \frac{1}{\sqrt{2}},\ -\frac{1}{\sqrt{2}},\ 0\right)^{\mathrm{T}}$,

$\boldsymbol{e}_3 = \left(\frac{1}{\sqrt{20}},\ \frac{3}{\sqrt{20}},\ \frac{3}{\sqrt{20}},\ -\frac{1}{\sqrt{20}}\right)^{\mathrm{T}}$.

15. $\boldsymbol{A}$ 可以与对角阵相似.

且 $\boldsymbol{P} = \begin{pmatrix} -2 & 0 & 5 \\ 1 & 0 & -1 \\ 0 & 1 & -3 \end{pmatrix}$ 时, $\boldsymbol{P}^{-1}\boldsymbol{A}\boldsymbol{P} = \begin{pmatrix} 1 & & \\ & 1 & \\ & & -2 \end{pmatrix}$.

16. $\boldsymbol{A}$ 的列向量组中, $\boldsymbol{\beta}_1$, $\boldsymbol{\beta}_2$, $\boldsymbol{\beta}_4$ 为一个极大无关组. $\boldsymbol{\beta}_3 = \frac{1}{3}\boldsymbol{\beta}_1 + \frac{2}{3}\boldsymbol{\beta}_2$, $\boldsymbol{\beta}_5 = \frac{16}{9}\boldsymbol{\beta}_1 -$

$\frac{1}{9}\boldsymbol{\beta}_2 - \frac{1}{3}\boldsymbol{\beta}_4$.

17. 略.

综合模拟测试题八

1. A　2. C　3. D　4. B　5. B

6. $a_{12}a_{34}a_{23}a_{41}$

7. $\begin{pmatrix} -1 & 1 \\ 2 & 1 \end{pmatrix}$

8. $\begin{pmatrix} \frac{1}{2} & 0 \\ \frac{3}{2} & 1 \end{pmatrix}$

9. 2

10. $\begin{pmatrix} 0 & 2 & -2 \\ 2 & 2 & 4 \\ -2 & 4 & 2 \end{pmatrix}$

11. 57.

12. $\boldsymbol{A} = \begin{pmatrix} 0 & 1 & 0 \\ -\frac{1}{2} & -\frac{1}{2} & 0 \\ 0 & 0 & -1 \end{pmatrix}$.

13. $k = 2$, $\boldsymbol{\alpha}_3 = -\boldsymbol{\alpha}_1 + \boldsymbol{\alpha}_2$, $\boldsymbol{\alpha}_4 = 2\boldsymbol{\alpha}_1 + \boldsymbol{\alpha}_2$.

14. 3^{n-1}.

15. 原方程组的通解为$\begin{pmatrix} x_1 \\ x_2 \\ x_3 \\ x_4 \end{pmatrix} = \begin{pmatrix} -\frac{3}{7} \\ \frac{2}{7} \\ 1 \\ 0 \end{pmatrix} C_1 + \begin{pmatrix} -\frac{13}{7} \\ \frac{4}{7} \\ 0 \\ 1 \end{pmatrix} C_2 + \begin{pmatrix} \frac{13}{7} \\ -\frac{4}{7} \\ 0 \\ 0 \end{pmatrix}$，$C_1$，$C_2$ 为任意实数.

16. 正交矩阵 $\boldsymbol{P} = \frac{1}{\sqrt{2}}\begin{pmatrix} 0 & \sqrt{2} & 0 \\ -1 & 0 & 1 \\ 1 & 0 & 1 \end{pmatrix}$，且 $\boldsymbol{P}^{\mathrm{T}}\boldsymbol{A}\boldsymbol{P} = \begin{pmatrix} 2 & & \\ & 2 & \\ & & 4 \end{pmatrix}$.

17. 略.